しずおか自然図鑑

しずおか自然図鑑

　静岡県は日本列島のほぼ中央にあり、日本一の富士山をはじめ、太平洋に面する温暖な平野から高山植物が見られる南アルプスなどの寒冷な山地まで、さまざまな自然に恵まれています。

日本平から見た富士山　　　　　　　　　　　　　　　　　　　©佐藤　武

〔写真提供〕

カバー／表：カワセミ　©飯塚久志　裏：ニホンリス　©小池正明
そで／前：クサガメ　©森　繁雄　後：クロイトトンボ　©加須屋　真
表紙／麻機沼遊水地　©伴野正志

まえがき

　静岡県は全国的にみても珍しいほど地形・地質が複雑で、そのために植物と動物の種類がたいへん多く、それらの自然を調査研究しているグループも多くあります。しかし残念ながら、それらの研究結果が世に知られないまま埋もれる場合が多くあります。その理由のひとつとして、これらのグループの情報の交換や発表の場としての自然史博物館が静岡県にないためと考えられます。

　そこで私たちは、地学・生物学の各方面から志を同じくする人たち約200人とともに、平成7年から静岡県立自然史博物館設立推進協議会（略称：自然博推進協）という組織をつくり、静岡県に対して自然史博物館の設立を要望してきました。

　自然博推進協では、県民のひとりでも多くの方々に静岡県の自然の素晴らしさを知っていただきたいと、独自にいろいろな活動を行ってきました。そのひとつは、毎年4回づつ自然博推進協通信という冊子を会員の情報交換のために発行しています。第二には、近県の自然史博物館を視察しながら、21世紀の博物館はいかにあらねばならないかという構想を検討しています。また、自然史博物館とリンクさせたい自然観察のための県内のサテライト候補地を見学しています。第三として、平成11年の夏に、各界の後援や共催のもとに「ミニ博物館　静岡県の自然」という展示会を開催して多数の県民の参加をえて、大いにその目的を果たすことができました。

　そこで、平成12年度には静岡新聞社出版局のご協力のもとに、「しずおか自然図鑑」と題する本を編集し、県下の各学校やその他の多くのみなさん方に見ていただくことを計画しました。執筆された方々は、いずれもその道の第一人者であり、地学・生物学の広い分野にわたって静岡県の特徴がよく理解されるようになっています。ひとりでも多くの方々にこの本に目を通していただき、自然に親しんでいただけたらと思っています。

　最後に、たいへん面倒な編集の仕事を引き受けていただいた柴　正博・三宅　隆の両氏、ならびに快く執筆をお引き受け下さった執筆者各位に厚く御礼申し上げます。さらに、出版の労をとられた静岡新聞社出版局編集部のご援助にも感謝申し上げ、本書発行のご挨拶といたします。

　　　　　　　静岡県立自然史博物館設立推進協議会代表　　伊藤二郎

目　次

まえがき

地形と地質　6
　地　形　7
　気　候　9
　地　質　10
　　伊豆半島の地質　11　　東部地域の地質　13
　　中部地域の地質　15　　西部地域の地質　17

植　物　20
　いろいろな環境の植物　21
　　高山・亜高山の植物　21　　山地の植物　24
　　低地の植物　26　　草原の植物　28
　　水湿地の植物　30　　海岸の植物　32
　　市街地の植物　34
　地域による植物の特徴　36
　　伊豆半島の植物　36　　東部地域の植物　38
　　中部地域の植物　40　　西部地域の植物　42

昆　虫　44
　静岡県の昆虫　44
　　富士川の東と西　44　　垂直分布　46
　　昆虫のすむ場所　47
　甲虫類　50
　チョウ　57
　トンボ　63
　そのほかの昆虫　71

淡水の生きもの　78
　淡水魚類　79
　生息環境と魚類相　83
　　河口周辺の魚　83　　下流域と小川の魚　87
　　下流域〜中流域の魚　93　　中流域の魚　97
　　上流域の魚　100

甲殻類　　　　　　　　　　　105
　　水生昆虫　　　　　　　　　　110
　　淡水貝類　　　　　　　　　　117

両生類　　　　　　　　　　　　120

爬虫類　　　　　　　　　　　　128

鳥　類　　　　　　　　　　　　136
　いろいろな環境にすむ鳥たち　　138
　　高山の鳥　　　138　　亜高山の鳥　　139
　　山地の鳥　　　140　　高原の鳥　　　142
　　渓流の鳥　　　143　　里山の鳥　　　144
　　市街地の鳥　　146　　湿地の鳥　　　148
　　湖沼の鳥　　　150　　河口の鳥　　　151
　　海岸の鳥　　　153
　バードウォッチングを楽しもう！　154

哺乳類　　　　　　　　　　　　156
　静岡県にすむ哺乳類　　　　　　157
　けもの道の動物たち　　　　　　166
　アニマルウォッチング　　　　　167
　動物に出会えそうな場所　　　　168
　動物との共存をめざして　　　　169

生活と自然　　　　　　　　　　171

静岡県に県立自然史博物館を！　178
　自然博推進協へご参加を！　　　181

自然観察スポット　　　　　　　182

自然観察などに参考になる本　　184
索引　　　　　　　　　　　　　　186

あとがき

地形と地質

　静岡県は太平洋に面し、富士山などの火山や南アルプスなどの山地があり、地形と地質が変化に富んでいます。いろいろな地形と古い地質時代からのさまざまな地質は自然の成り立ちを記録しています。このような静岡県の地形と地質、すなわち自然の成り立ちは、現在の植物や動物の分布などに大きな影響をあたえています。

熱海市上空からの富士山と南アルプス　　©静岡新聞社

熱海から富士山をのぞむ　相模湾に面する熱海市は、伊豆半島から箱根につづく山地の小さな海岸の入江に発達した町です。その山地の向こうには、愛鷹山(あしたか)と富士山が見えます。富士山の頂きから宝永火口にかけては雪がおおっています。富士川をへだてた中部地域の山地の背後には、雪をいただいて白く輝く、いわゆる南アルプス連峰（赤石山地）も見えています。

地形

　静岡県は本州の中央部にあり、太平洋に面する東西に長い海岸線があり、その北側には日本最高峰の富士山と南アルプスの山岳地帯があります。これら山岳地帯は急な斜面からなり、そこを流れる河川は日本でも有数の急流河川で、山地から押し出された砂礫は扇状地をつくっています。静岡県にはさまざまな地形が見られますが、地域によってそれぞれ特徴があります。

火山　富士山をはじめ伊豆半島の天城山や達磨山などのたくさんの火山が静岡県にはあります。火山とは第四紀（約160万年前から現在）に噴火活動でできた山をいいます。火山には現在も火山活動をつづけているものもあり、富士山もいつ噴火活動をはじめるかわからない火山のひとつです。

石廊崎の海岸

大室山と富士山　©静岡新聞社

伊豆半島　伊豆半島は小笠原諸島までつづく南北方向の海底の高まりの北端にあり、標高約500mの火山性丘陵をおおうように、天城山や達磨山などの火山が標高約900mの高原をつくっています。海岸まで急な山地がせまり、入りくんだ岩石海岸で縁どられています。

南アルプス山岳地帯　静岡県の中部〜西部地域の北側は急斜面で険しい山々がつづきます。ここは日本列島でもっとも隆起量の大きいところです。とくに大井川の上流には南アルプスと呼ばれる標高

赤石岳　©伊藤正喜

3,000m以上の山岳地帯があり、その中で白根山（北岳）は富士山につぐ高さ（3,192m）をほこります。

急流河川　富士川と安倍川、大井川、天竜川などの静岡県中部〜西部地域の大きな河川は、日本列島の中で河川の勾配がもっとも大きい急流河川です。これら河川の上〜中流は典型的なV字谷となっており、蛇行しながらも直線的に海に向かって流れています。

河川の谷　静岡市平山

海につっこむ扇状地　河川が山地から出たところには、上〜中流から運ばれた砂礫で扇状地がつくられます。しかし、静岡県では海が山地にせまっているために、扇状地がそのまま海につっこんでいる場合があり、静岡県の多くの海岸には小石（礫）が見られます。

駿河湾　石廊崎(いろうざき)と御前崎(おまえざき)にはさまれた駿河湾は日本でもっとも深い湾で、その中央には南北にのびる溝地形があり、その深さは湾の奥で1,000m、湾の入口で2,500mにもなります。急深な駿河湾では外洋から入ってきた波が、浅い海底で弱くなることなく、そのまま海岸に打ち寄せます。

砂嘴と低湿地　急流河川が河口に運んだ砂礫は、南から打ち寄せる駿河湾の波によって湾の奥側へ海岸づたいに運ばれて、砂嘴(さし)をつくります。そして、その砂嘴の内側には山地との間に入江や低湿地がつくられます。安倍川河口の東には三保と折戸湾が、富士川河口の東には千本砂丘と浮島沼があります。

三保砂嘴と折戸湾　　©佐藤　武

砂丘と台地　西部地域の海岸は遠州灘に面し、海岸にそって砂丘が発達し、山地と海岸の間には台地が広がっています。牧之原台地は大井川の、磐田原台地と浜名湖周辺の三方原や天白原の台地は天竜川のかつての河原だったところ（河岸段丘）です。

気　候

　静岡県の地形は、南部の海岸から北部の山岳地帯にかけて複雑な地形であることから、沿岸部では海洋性気候、山間部では内陸性気候、高山は山岳性気候となっています。また、太平洋に面して急傾斜で高い山地があることから大雨が降りやすく、全国的にも年間雨量のもっとも多い地域のひとつとなっています。このようにさまざまな地形と気候条件、さらに水に恵まれていることから、静岡県は動植物がとても豊かです。

温暖な気候　静岡県の平野部のほとんどで、年平均気温は14～16℃です。南側が海に面し、黒潮の影響などもあり、夏と冬の気温差は小さく、夏は高い気温のわりにすごしやすい気候です。冬は山間部や強風がふく西部地域と南伊豆などをのぞけば、たいへん暖かいところです。しかし、このように暖かな反面、大雨や強風なども起こりやすいところです。

多雨地帯　静岡県の年間降雨量はほとんどのところで2,000mm以上で、多い年には4,000mmを超えることもあります。これは全国的に見ても多雨地帯にあたり、水害も起こりやすいところです。

遠州のからっ風と立ち雲　西部地域や伊豆半島南部は、冬の季節風の通り道になっているため、からっ風が強いことで知られています。この冷たい空気が黒潮の流れる暖かい海面上に流れこむと、海面の空気がおし上げられ、遠州灘から伊豆半島にかけて帯状に連なる積雲ができます。これを立ち雲といいます。

駿河湾低気圧　12月から3月の時期に伊豆地域に北東気流が流れこむと、ほかの地域は晴れているのに、駿河湾のまわりだけが曇ります。これは、駿河湾の上に低気圧が発生するためです。

富士山の笠雲　「富士山が笠をかぶれば近いうちに雨」ということわざがありますが、笠雲が現れると24時間以内に50%の確率で雨になります。笠雲は、富士山に強い気流があたって斜面にそって強い上昇気流が起こり発生します。

富士山の笠雲　　　　©山本玄珠

地　質

　静岡県は東西に長く、中央にある安倍川付近の西側と東側でまったく違う地質となっています。西側は西南日本からつづく古い地質からなり、東側は新しい時代に海底で堆積した地層からなり、火山活動が活発な地域です。西から移動してきた陸上生物は、かつて富士川流域にあった海にさまたげられ、現在の生物分布は東西で大きく違っています。

フォッサマグナ　富士川流域には、新生代新第三紀（約2,500万年前）以降に海でたまった地層が広く分布していて、約100万年前までこの地域は海でした。新第三紀のころ本州を南北に断ち切ったように入っていた海だったところは、「大きな割れ目」という意味で、フォッサマグナと呼ばれます。

も古い地層が分布し、東側にはそれよりも新しい地層が分布します。またこの断層と並行して、田代峠断層や入山断層など南北方向の断層が東側の地域に多くあります。

右側の斜面が入山断層の断層面にあたる
由比町室野

フォッサマグナの海だった興津川流域
南北方向の断層によって山地が階段状に
東に向かって低くなる

糸魚川-静岡構造線　フォッサマグナの西端の断層とされる糸魚川-静岡構造線は、新潟県の糸魚川市から諏訪湖の西、甲府盆地の西を通って静岡市につづきます。この断層の西側には新第三紀より

中央構造線　中央構造線は、日本列島の南西部（西南日本）の中央を北東～南西に通る大断層で、静岡県では天竜川上流の水窪～佐久間付近を北北東～南南西に通ります。北西側には花崗岩や片麻岩が、南側には結晶片岩が分布します。中生代後半から古第三紀のころ、この断層付近に陸と海の境界がありました。

伊豆半島の地質　標高約500mまでの丘陵は、新第三紀（約2,500万〜160万年前）にたまった火山性の地層からなり、丘陵の北部にはそれ以後の第四紀に噴火した天城山や達磨山などの火山が高原をつくっています。

黄金崎の湯ケ島層群　伊豆半島の土台をつくるのは、中新世中期（1,500万年前）に海底火山活動で堆積した火山岩や凝灰岩で、これは湯ケ島層群と呼ばれます。その一部はその後の珪化作用をうけて黄色く変質して、その中には珪石や金銀がふくまれ、最近まで鉱床として採掘されていました。

白浜層群が分布する白浜海岸

黄金崎の湯ケ島層群

堂ヶ島の海食洞　白浜層群の白色の砂層の上に黒い火山岩層が重なる ©佐藤　武

多島海の砂　白浜層群　伊豆半島では中新世後期〜鮮新世（1,000万〜160万年前）に、小さな島が点々とある浅い海が広がり、そこに流紋岩〜安山岩質の火山活動とともに軽石や化石を多くふくむ砂がたまりました。それが白浜層群と呼ばれる地層で、下田の白浜海岸や堂ヶ島、沼津の江浦などで見られます。

下白岩のレピドシクリナ　白浜層群の地層には、浅く暖かい海の化石がふくまれます。中伊豆町の下白岩や松崎町の池代では、化石の中に星砂のような有孔虫のレピドシクリナが見られます。

放射状節理のある貫入岩体　南伊豆町の妻良港などでは、材木を立てたような岩肌が山の崖に見られます。これはマグマが地表または地表近くで冷えて固まるときに、

柱のような形に規則的に割れたものです。白浜層群の堆積した時代の火山活動のようすがわかります。

妻良の柱状節理

火山の大地 約160万年前から数万年前（更新世）に、伊豆半島の北部の丘陵の上で猫越、達磨、宇佐美、多賀、天子、天城などの火山がつぎつぎと噴火して、大きな山体がつくられました。約1万年前から現在にかけては、火山活動は少しおさまり、大室山や巣雲山のように1回の噴火で小さな火山丘をつくる火山が東伊豆にたくさんできました。

巣雲山の火山噴火で噴出したスコリア層

大室山と城ケ崎海岸 約5,000年前に噴火した大室山は、スコリア丘をつくったあと、海側に溶岩が流れ、出入りの激しい城ケ崎海岸や富戸海岸をつくりました。

城ケ崎海岸の大室溶岩

北へのびる砂嘴 伊豆半島の西海岸には、安良里や戸田、大瀬崎など北側にのびる砂嘴がいくつか見られます。これらは、駿河湾を南から北へ進む強い波浪によって南側から砂礫が運ばれてつくられたものです。

戸田湾の砂嘴　　　　　　©佐藤　武

東部地域の地質　伊豆半島をのぞいた東部地域は、愛鷹山と富士山、箱根の山体と富士川や黄瀬川のつくった平野からなります。富士山の山麓では湧水が多く、その豊かな水は自然や人の生活を豊かにしています。

富士山は3階建て

富士山は日本一高い山で、標高は3,776mです。富士山は、数10万年前に噴火した小御岳火山の上に、約10万年前に噴火をはじめた古富士火山、そして約1万年前から活動がつづいている新富士火山の噴出物が重なってできています。

富士山の下には何がある？

富士山の南西麓にあたる芝川周辺には約100万年前の礫層が分布します。この礫層の礫には丹沢山地をつくる火山岩や閃緑岩、結晶片岩の礫がふくまれます。このことから、富士山の下には丹沢山地の西の延長があると思われます。

三保から見た富士山

富士山の基盤の礫をふくむ別所礫層

宝永火山

宝永火山は富士山の新五合目付近に1707年（宝永4年）に噴火した富士山の寄生火山のひとつです。富士山にはこれ以外にもたくさんの寄生火山があります。

白糸の滝

白糸の滝には、地下水を通しにくい古富士泥流の上に、水を通しやすい新富士溶岩が重なっています。富士山に降った雨や雪は古富士泥流の上面を地下水となって流れ、滝で川に流れ出ます。

宝永火口の赤岩　　　　©山本玄珠

白糸の滝　　　　©山本玄珠

新富士溶岩　新富士溶岩は富士川まで流れ下っています。溶岩には冷えて固まるときにできる柱状の節理が見られます。

新富士溶岩　富士宮市沼久保

愛鷹山　愛鷹山は富士山の下にある小御岳火山と同じころに噴火してできた火山です。火山の山頂部は浸食されて残っていません。愛鷹山が火山活動をしていたころ、その東では箱根火山の噴火もはじまっていました。

箱根からの愛鷹山と富士山　©静岡新聞社

柿田川湧水　柿田川は大小10数個の「かま」と呼ばれる湧水口の水を集めて川となり、約1.2km下流で狩野川に注ぎます。この湧水は新富士溶岩の中を流れ下った地下水が湧き出たもので、三島にはほかにもたくさんの湧水が見られます。

柿田川湧水　　　　　　©山本玄珠

千本砂丘と浮島沼　東部地域の海岸は、駿河湾の奥の部分に面し、富士川の河口から沼津にかけて千本砂丘という砂嘴が発達し、その内側に浮島沼という低湿地があります。

丹那盆地と丹那断層　丹那断層は、1930年（昭和5年）11月26日に起きた北伊豆地震のときに、田代盆地から丹那盆地に南北方向に現れた断層をいいます。丹那盆地周辺で死者272人、家屋全壊2,165戸などの被害がありました。

東側の尾根から見た丹那盆地

中部地域の地質　中部地域はほぼ大井川から富士川までの地域にあたりますが、安倍川の東側にそびえる竜爪山脈から東側は、新第三紀以降に堆積した地層からなるフォッサマグナ地域となります。安倍川から西側の地域は西部地域の地質と同じです。

安倍川のみなもと　大谷崩　安倍川の流域には、瀬戸川層群という古第三紀（6,500万〜2,500万年前）に深い海で堆積した砂や泥の地層が分布します。安倍川の源流の大谷崩は、高さ800mにわたる大崩れで、そこに分布する地層は褶曲したり、断層で切られています。

真富士山などに分布しています。

大崩海岸の枕状溶岩　焼津市小浜

大谷崩

海底火山だった大崩　焼津市と静岡市の間にある大崩海岸では、新第三紀のはじめ（1,500万年前）に起こった大規模な海底火山活動のようすが見られます。海岸の岩肌の枕や俵をつみ重ねたような模様は、海底で噴火した溶岩が海水と接して急に冷えて丸まったものです。この海底火山の岩石は、大崩海岸から北へ高草山、竜爪山、

褶曲した地層　清水市の興津川流域には、中新世末（約600万年前）に海底で堆積した砂や泥の地層が分布しています。とくに但沼付近の河床では、地層が波打ったように褶曲しているようすも見られ、地層が堆積したころの地殻変動の大きさがうかがえます。

地層の褶曲　清水市但沼

浜石岳の浜の石　興津川流域に分布する泥岩層がたまっていたころ、

浜石岳付近も同じく海の底でした。そのころ隆起しはじめた関東山地や御坂山地、赤石山地から大量の礫がその海底に運ばれてきました。浜石岳をつくる地層には火山岩もあり、そのころ火山活動もあったと思われます。

浜石岳の礫岩

有度丘陵の礫層 有度丘陵は泥や礫からなる地層の上に厚い礫層（久能山層）があり、その上面は北に傾く平らな面（日本平）をつくっています。有度丘陵をつくる礫層は10数万年前に安倍川の河口に堆積したもので、有度丘陵はその後に隆起しました。

礫層からなる久能山　山麓は泥層

石津浜と三保半島 駿河湾の西海岸、大井川と安倍川の河口の北東側には、石津浜と三保半島という砂嘴があります。これらは、駿河湾に入ってきた波がそのまま南から海岸にぶつかり、河口の砂礫が海岸ぞいに北東へ運ばれてつくられたものです。大きな礫があることは、強い波がくる証拠です。

波の力が強く前浜の傾斜がきつい石津浜

三保半島のおいたち 羽衣の松で有名な三保半島は、ウルム氷期（約2万年前）以降の海面上昇の停滞期に、安倍川から押し出された砂礫によってつくられた砂嘴です。三保とは3つの穂の形をしていることから名づけられました。1976年（昭和51年）ころから安倍川の砂礫が河口に運ばれなくなり、静岡海岸で海岸浸食がはじまり、今では三保までおよんでいます。

三保松原の海岸浸食

西部地域の地質　西部地域の山地は西南日本に属する、古生代〜古第三紀（2,500万年前）までの堆積岩や火成岩体が帯状に分布し、海側の丘陵にはそれより新しい新第三紀以降に堆積した地層が分布しています。

天竜峡の花崗岩　天竜川をさかのぼり中央構造線を越えると、川沿いに白い岩肌の花崗岩（御影石）や片麻岩が見られます。天竜峡と呼ばれるこの地域の花崗岩は今から約1億年も前に深い地下でマグマが冷えて固まったものです。

天竜峡の花崗岩　　　　　©青島　晃

結晶片岩　水窪町から天竜市船明ダムまでの天竜川流域では、緑色や黒色の縞状の岩石が見られます。この岩石は結晶片岩といい、堆積岩や火成岩が高圧で変成して再結晶した岩石です。中央構造線の南側にそって分布し、かつては峰ノ沢などで銅鉱石（黄銅鉱）などが採掘されていました。

竜ケ岩洞と秩父中古生層　引佐の山地には、古生代末期から中生代初期に海底で堆積した古い地層が分布します。その中にはチャートや石灰岩、蛇紋岩もあり、石灰岩の分布地には鍾乳洞やカルスト地形が見られます。竜ケ岩洞もそのような鍾乳洞のひとつです。

カルスト地形　引佐町三岳　©青島　晃

天竜川　峰ノ沢から見た結晶片岩の山地

赤石山地をつくる地層　標高3,000mを超える峰々をもつ赤石山地は、白亜紀後期〜古第三紀（約1億〜2,500万年前）に深い海底に堆積した厚い砂や泥の地層でできています。これらの地層は、新第三紀以降に急激に隆起して現在の姿となりました。

井川湖付近から見た赤石山地

静岡県にもワニがいた 引佐町谷下にある石灰岩の割れ目から、数10万年前のワニやナウマンゾウの化石が発見されました。このワニの化石は、現在東南アジアにすむマライガビアルの仲間で、当時の静岡県はとても暖かかったことがわかります。

ワニの化石　　　　　　　Ⓒ青島 晃

ナウマンゾウと三ケ日人 ナウマンゾウは今から30万～2万年前に日本にいたゾウで、浜松市佐浜の三方原台地下部をつくる泥層から発見された化石に、この名前がつきました。ナウマンゾウはそれ以後日本各地でたくさん発見され、静岡県では引佐山地、細江町、牧之原台地、有度丘陵でも発見されています。また、引佐郡三ケ日町からは、更新世後期（3万～1万5,000年前）の成人男女3体のものと思われる頭骨、骨盤、大腿骨の破片がナウマンゾウなどの化石といっしょに発見されています。

佐浜のナウマンゾウの臼歯化石　天竜市内山氏蔵　　　　　　　Ⓒ青島 晃

淡水湖だった浜名湖 北側を富幕山の山なみで、東と西を三方原台地と天白原台地で囲まれた浜名湖は、出入りの多い美しい湖岸線をもちます。浜名湖は今から約500年前まで淡水湖でしたが、地震による地盤の低下などで海とつながりました。

トサカ岩と浜名湖　トサカ岩は古生代～中生代のチャートからなる　Ⓒ青島 晃

サンゴ礁の山　榛原郡相良町には、女神山と男神山という石灰岩の山があります。これらは約1,500万年前の中新世にサンゴ礁だったところです。そのころの日本列島は、サンゴ礁やマングローブの島々が点々とあるだけでした。

女神山　榛原郡相良町

掛川の貝化石　掛川市から袋井市の北部には鮮新世後期（約200万年前）に浅い海にたまった砂層が分布していて、たくさんの貝化石がふくまれます。その中には現在の台湾付近にすんでいる種類もあり、また遠州灘で見られるダンベイキサゴの祖先の貝もあります。

掛川の貝化石

掛川の海にたまった地層　掛川市

小笠山の礫層　小笠山は約100万年前の海や川で堆積した厚い礫層からできています。この礫層は赤石山地から運ばれてきたもので、そのころ赤石山地が急激に隆起したようすがわかります。

河原だった牧之原台地　大井川下流の西岸につづく牧之原台地は、今から10数万年前の大井川の河原でした。平らな台地面には赤石山脈から運ばれてきた礫層があります。また、この礫層の下にはところどころで、海岸や内湾に堆積した砂層や泥層が見られます。

茶畑のひろがる牧之原台地

（柴　正博）

植物

　静岡県に分布する植物は、シダ植物が約450種類、種子植物が約3,550種類で、合計約4,000種類あります。この数は全国一で、日本全体で約8,000種類なので、その約半数が静岡県に分布しています。静岡県は温暖な海岸から日本最高峰の富士山や南アルプスまで高さの差があり、そこにさまざまな環境があることが、植物相を豊かにしています。

アシタカツツジ　裾野市

アシタカツツジ　静岡県の花はツツジです。県内のツツジは35種類ほどあります。アシタカツツジは富士山とその周辺に限って分布する静岡県の代表的な特産種です。5月に紅紫色の花が咲きます。ヤマツツジに似ていますが、おしべの数が5〜9本あります。変異が大きく、ヤマツツジとの雑種もあります。

いろいろな環境の植物

　植物は山の高さや水辺などの環境で、分布する種類が異なってきます。ここでは、高山・亜高山、山地、低地、草原、水湿地、海岸、市街地に分けて、そこに分布する植物の特徴と代表的な種類を紹介します。

高山・亜高山の植物　標高1,500〜2,500mには、シラベやアオモリトドマツなど常緑針葉樹の茂る亜高山帯が、2,500m付近を超えると高木の森林はなくなり、ハイマツやダケカンバ、ミヤマハンノキが茂る低木帯があります。さらにその上部には、高山草本のはえる草本帯が広がります。

森林限界　高木が森林の状態で生育できなくなる限界で、温度や強風、そのほかの条件で決まります。富士山では、谷にそって森林限界が上がっています。一般に森林限界から上を高山帯と呼びます。

森林限界　富士山表口

ハイマツ　常緑針葉樹。葉は5枚で、茎は地上をはって広がります。南アルプスに広く分布し、そこが分布の南限です。富士山にはありません。林の中ではライチョウなどが巣をつくります。

高山草原　高山の草花は、夏の短い期間に花をいっせいに咲かせます。南アルプスには各地に美しいお花畑があり、富士山ではオンタデやオノエイタドリが群生する（38ページ）火山荒原が広がります。

高山草原　千枚岳

ハイマツ　千枚岳

シラベ林　亜高山帯を代表する常緑針葉樹林。シラベは樹高20m以上になる高木で、樹皮は灰白色で、

若い枝には灰褐色の毛があります。この木に似るアオモリトドマツの若い枝の毛は、濃赤褐色です。

シラベ林　本谷山

ダケカンバ　落葉高木。樹皮は灰褐色で、薄くはげます。白味をおびているのでシラカバとまちがえられることがあります。

ダケカンバ　富士山表口

ハクサンシャクナゲ　常緑低木。葉は楕円形で、裏面に褐色の毛が

ハクサンシャクナゲ　富士山御中道

密生しています。7～8月に淡紅紫色の花が咲きます。

コケモモ　常緑低木。高さ5～20cmの小さな植物です。7月に白色で釣り鐘形の花が咲きます。実は赤く熟し、食べられます。

コケモモ　富士御中道

タカネマツムシソウ　2年草または多年草。8月に紫色の花が咲きます。マツムシソウより花は大きく、色も濃いです。

タカネマツムシソウ　荒川岳

トウヤクリンドウ　多年草。花は8～9月に咲き、淡黄色で、黒紫色

トウヤクリンドウ　荒川岳

の斑点があります。南アルプスにあり、分布の南限です。

ムラサキモメンヅル 多年草。葉は羽状に分かれて、7〜8月に紅紫色の花が咲きます。富士山にあり、分布の南限です。

ムラサキモメンヅル　宝永山

ツバメオモト 多年草。葉は茎の下部に集まってつきます。5〜6月に白色の花が咲き、秋にうり色でその後に黒く熟する球形の実ができます。

ツバメオモト　転付峠

マイヅルソウ 多年草。高さ10〜20cm。5〜7月に白色の小さな花が咲きます。葉脈の曲がり方が、ツルの羽に似ていることからその名前がつけられました。

マイヅルソウ　転付峠

高茎草原 亜高山や山地などで、森林ができにくい場所に見られます。キオン、ハンゴンソウ、ヨツバヒヨドリなど大形多年草のはえる草原です。美しいお花畑になり、チョウなどの昆虫が集まります。

高茎草原　富士山東臼塚

ハンゴンソウ 多年草。高さ1〜2m。葉は羽状に3〜7つに裂けます。7〜9月に黄色の花が茎の先に集まって咲きます。

ハンゴンソウ　富士山表口

山地の植物　夏緑樹（落葉樹）のブナやミズナラ林などの広がる標高800〜1,500mの山地は、秋に紅葉の美しいところです。この上部では、ハリモミやウラジロモミなど常緑針葉樹林があり、シラベ林に移行します。

夏緑樹林　冬に落葉する広葉樹が茂る林で、ブナ林やミズナラ林、カエデ類の林などあります。林の中は落葉すると、日がさしこむので低木や草花もよく育ち、植物の種類が豊富なところです。

夏緑樹林　函南原生林

紅葉する木　紅葉は気温が低くなると、葉柄に離層ができ、葉でできた栄養分が茎の方に移動できなくなり、栄養分が葉の中で赤色の色素に変わるために起こります。黄葉は葉の葉緑素が分解され、葉にふくまれていた黄色の色素が目立つようになるのです。草も紅葉し「草もみじ」と呼ばれます。

ブナ　落葉高木で、林をつくります。樹皮は灰白色で、葉は卵形です。花は5月に咲きますが、目立ちません。実には3つの稜があり、赤褐色で、ミズナラとともに山の動物たちの重要な食料になります。

ブナ　岩岳山

ミズナラ　落葉高木で、林をつくります。樹皮は淡灰褐色で、縦に深い割れ目ができます。葉はカシワの葉に似ていますが、毛は少なく、実はどんぐり形です。

紅葉　大井川上流

ミズナラ　裾野市

カエデ類 静岡県に分布するカエデの仲間は、約25種あります。秋に赤色や黄色に色づきます。葉は対生し、羽根のある実が特徴です。

コミネカエデ　門桁山

ムシカリ 落葉低木。葉は円心形。5月に白色の小さな花が集まって咲きます。秋に赤色で、のちに黒く熟する実ができます。

ムシカリ　転付峠

ナナカマド 落葉小高木。葉は羽状に分かれます。6〜7月に白色の花が咲き、秋に赤色の実が熟し、真っ赤に紅葉します。

ナナカマド　奈良代山

ナツツバキ 落葉高木。樹皮に赤褐色や灰褐色の斑点があり、7月にツバキに似た白色の花が咲きます。

ナツツバキ　岩岳山

ヤマブドウ 大形の落葉つる植物。葉は五角状円心形で、裏面に赤褐色の毛があります。紫黒色でブドウ状の実ができます。

ヤマブドウ　静岡市

ササ類 ササにはいろいろな種類がありますが、山地にふつうにあるのはスズダケです。高地にはイブキザサ、東部地域にはミヤマクマザサなどがあります。

スズダケ　八高山

低地の植物　標高が800m以下の低地や丘陵地は、スギやヒノキの植林地が広がり、常緑樹のシイ・カシ類の茂る林があります。社寺林に残るこれらの林は、昔の低地林の姿をしています。里山で薪炭林として15〜20年ごとに、くり返し伐採されると、コナラ林やクヌギ林になります。

照葉樹林　ツバキの葉のように、表面に光沢のある葉をつける常緑広葉樹の林のことです。日本のように、夏に雨が多い地域で見られます。樹高は20〜30mになり、葉が茂り光がさしこまないので、林内に植物はあまりはえません。

照葉樹林　伊東市八幡宮来宮神社

シイ林　スダジイ林とツブラジイ林があります。スダジイは実の形が細長く、幹に大きく深く割れ目ができます。ツブラジイは実の形が丸みをおび、幹の割れ目は目立ちません。内陸の丘陵地に多く見られます。シイ類の葉は、葉裏に灰褐色の毛があるのが特徴です。

アラカシ　常緑高木。林をつくります。樹皮は灰黒緑色。葉は長楕円形で、周囲に鋸歯があり、裏面は白色をおびます。低地の川ぞいなどに広く見られます。

シイ林　浜岡町加茂神社

アラカシ　浜北市

ヤマモモ　常緑高木。樹皮は灰白色、老木は浅く縦に裂けます。春

ヤマモモ　小笠山

に咲く花は目立ちません。実は6月に赤く熟し、食べられます。

コバノガマズミ 落葉低木。葉は卵状の長楕円形。春に白色の小さな花が集まって咲き、実は秋に赤く熟します。

コバノガマズミ　細江町

ミツバツツジ 落葉低木。菱形の葉が枝の先に3枚つくのが特徴です。春に紅紫色の花が咲きます。この仲間はいろいろあります。

ミツバツツジ　富士宮市

アカマツ林 人が林を伐採することで、分布を広げてきました。樹皮は赤褐色です。海岸に多いクロマツの幹は暗黒色です。

アカマツ林　浜北森林公園

コナラ林 落葉高木の林です。里山では薪炭林として利用するので、低木の林が各地にあります。実はどんぐり形です。

コナラ林　湖西連峰

クヌギ林 落葉高木の林です。クリに似た木で、実は丸いどんぐり形です。東部地域には植えられた林が広くあります。

クヌギ林　中伊豆町

草原の植物 富士山麓などに広がる草原は、1〜2年ごとに草刈や火入れが行われるなど、人とのかかわりで草原が保たれています。一般にはススキの草原ですが、スミレの仲間や秋の七草など、美しい花が見られます。

細野高原　東伊豆町

ススキ草原　森林が伐採されたり、火災で森林が焼失したあとには、ススキ草原ができます。ススキは光を好みます。草原が放置されると、マルバハギなどの低木が茂り、ススキの上をおおうので、ススキがおとろえていきます。

ススキの高原　牧之原

マルバハギ　落葉低木。8〜10月に葉より低い位置に、紅紫色の花が咲きます。ヤマハギとツクシハギの花は、葉から上に出ます。

マルバハギ　小笠山

マツムシソウ　2年草。8〜10月に淡紫色の花が咲きます。頭花で小さな花が集まりひとつの花のようになっています。

マツムシソウ　朝霧高原

シシウド　多年草。高さは1m以

シシウド　朝霧高原

上になる、茎の太い大形の草です。8～10月に白色の小さな花が、茎の先に集まって咲きます。

キスミレ　多年草。高さ10～20cm。4～5月に黄色の花が咲きます。草原に草が茂るとおとろえていきます。

キスミレ　高草山

サクラソウ　多年草。湿った草地にはえます。高さ15～40cm。4～5月に紅紫色の美しい花が咲きます。花をサクラにたとえた名前です。

サクラソウ　朝霧高原

ユウガギク　多年草。高さ40～100cm。葉は羽状に切れこみます。7～10月に青紫色の花が咲きます。

ユウガギク　朝霧高原

オミナエシ　多年草。高さ60～100cm。秋の七草のひとつで、8～10月に黄色の小さな花が集まって咲きます。特有のにおいがあります。

オミナエシ　小笠山

キキョウ　多年草。高さ40～100cm。秋の七草のひとつで、8～9月に青紫色の花が咲きます。観賞用に栽培され、根は薬用にします。

キキョウ　獅子ケ鼻公園

水湿地の植物　池や沼、河川などの水湿地には、浮遊植物（水面を漂う）や浮葉植物（水面に葉を広げる）、沈水植物（水中に沈んではえる）、抽水植物（水面から長く突き出る）などの植物がはえています。水田も水をはっているときは、水湿地になります。

小田貫湿原　富士宮市

ウキクサ　多年草の水田に多い浮遊植物。葉は卵形で、裏面は赤紫色をおび、根は多数出ます。葉が小形で、根が1本出るのはアオウキクサです。

ウキクサ　静岡市

オニバス　1年草の浮葉植物。葉は円形で、全体にとげがあり大形になると1m以上になります。8～9月に紫色の花が咲きます。

バイカモ　多年草の沈水植物。葉は細かく裂け、小片は糸状です。花は夏～秋まで咲き、白色でウメの花のようです。

バイカモ　御殿場市

ミクリ　多年草の抽水植物。高さ50～100cm。葉は線形で断面は三角形です。とがった実が集まり、クリのいがのようになります。

オニバス　小笠町

ミクリ　浜松市

ヒメシロアザ 多年草の浮葉植物。卵心形の葉を水面に浮かべ、7〜9月に白色の花が咲きます。西部の湿地に分布します。

ヒメシロアザ　浜松市

ミズアオイ 1年草。抽水植物。高さ20〜40cm。9〜10月に青紫色の花が咲きます。葉の形がアオイに似ているので名前がつきました。

ミズアオイ　福田町

ミミカキグサ 多年草の湿地植物で、食虫植物。高さ7〜15cm。地下茎に捕虫胞がつきます。8〜10月に黄色の花が咲きます。

ミミカキグサ　浜北森林公園

サワオグルマ 多年草の湿地植物。高さ50〜80cm。4〜6月に黄色の花が茎の先に咲きます。花の形から名前がつけられました。

サワオグルマ　浜北森林公園

ノハナショウブ 多年草の湿地植物。高さ30〜60cm。6〜7月に赤紫色の花が咲きます。ハナショウブの原種です。

ハナショウブ　森町

カキラン 多年草の湿地植物。高さ30〜70cm。6〜7月に内面に紅紫色の斑点がある、オレンジ色〜黄色の花が咲きます。

カキラン　細野高原

海岸の植物　海岸には、葉が厚かったり、葉に光沢や毛がある植物がはえています。これは海岸のきびしい環境に適応した特徴です。伊豆半島や大崩海岸の岩石海岸と、砂浜の広がる田子の浦や遠州灘海岸では、はえている植物に違いがあります。浜名湖は外洋とつながっているので、湖水は塩分をふくみ、海辺の植物がはえています。

御前崎　御前崎町

イブキ林　常緑針葉樹林。高さ15～20m。樹皮は赤褐色で、縦に裂けます。沼津市大瀬崎に、大木が茂る林があります。伊豆半島の海岸では各地で見られますが、県内のほかの地域にはありません。

イブキ林　大瀬崎

ウバメガシ　常緑小高木。樹皮は黒褐色で、縦に割れ目ができます。葉は厚く楕円形で、どんぐり形の実ができます。

ウバメガシ　御前崎町

ダンチク　多年草。高さ2～4m。8～9月に大形の穂が出ます。遠州灘と伊豆半島の海岸に群生します。

ダンチク　浜名湖

スカシユリ　多年草。7～8月にオレンジ色～黄色の花が上向きに咲きます。花びらの間に隙間があるので名づけられました。

スカシユリ　御前崎町

ガクアジサイ　落葉低木。高さ約2m。6〜7月に周囲に飾花がある花が咲きます。伊豆の海岸に分布します。アジサイの原種です。

ガクアジサイ　城ケ崎海岸

ハマボウ　落葉低木。高さ1〜2m。葉は円形で、灰色の毛が密生します。7〜8月に大形で中心部が暗赤色の黄色の花が咲きます。

ハマボウ　福田海岸

ハマゴウ　落葉低木。茎が長く地上をはいます。7〜9月に青紫色の花が咲きます。特有の香りがあり、薬用にします。

ハマゴウ　遠州灘海岸

ハマヒルガオ　多年草。茎は地上をはいます。葉は腎円形で厚く、光沢があります。5〜6月にアサガオ形で淡紅色の花が咲きます。

ハマヒルガオ　神子元島

イソギク　多年草。高さ30〜40cm。葉は長楕円形で、裏面は銀白色をおびています。10〜11月に黄色の花が咲きます。

イソギク　城ケ崎海岸

市街地の植物　市街地の荒れ地にはえる植物の多くは、外国から日本に入ってきた帰化植物です。静岡県内には、約550種類の帰化植物が分布します。水田や畑にはえる雑草の多くも、イネやムギとともに外国からきた植物です。港や空港から貨物に付着したりして入りますが、最近は道路などののり面吹きつけ用種子にまじって、広まっています。

市街地の帰化植物　掛川市

セイタカアワダチソウ　多年草。10〜11月に荒れ地で黄色の花が大群生して咲きます。北米原産の植物ですが、日本には明治年代に渡来しました。最近ふえているのは1950年代に北九州から広まったもので、静岡県には1960年代に侵入しました。

セイタカアワダチソウ　静岡市

セイヨウタンポポ　欧州原産の多年草。花は春から秋まで咲きます。総苞の外片が、反りかえるのが特徴です。県内に広く分布します。

セイヨウタンポポ　掛川市

ヒメジョオン　北米原産の1〜2年草。花は6〜10月に咲きます。明治維新の直前に渡来しました。

ヒメジョオン　引佐町

ヒメムカシヨモギ　北米原産の2年草。8〜10月に花が咲きます。明治初年に渡来し、広まりました。

ヒメムカシヨモギ　金谷町

アメリカヤマゴボウ　北米原産の多年草。6〜9月に白色の花が咲き、赤紫色の汁が出る黒色の実が熟します。明治初年に渡来しました。

アメリカヤマゴボウ　島田市

ムラサキカタバミ　南米原産の多年草。花は淡紅色で、春〜秋まで咲きます。小さな鱗茎で広まります。文久年間（1861〜64年）に渡来しました。

ムラサキカタバミ　掛川市

アメリカフウロ　北米原産の1年草。薬草のゲンノショウコに似ていますが、花は小さく区別できます。昭和初年に渡来しました。

アメリカフウロ　掛川市

オオマツヨイグサ　北米原産の2年草。花は黄色で、夕方に開きます。欧州で改良された園芸種で、明治初年に渡来しました。

オオマツヨイグサ　掛川市

オオオナモミ　北米原産の1年草。花は目立ちませんが、実は楕円形でかぎ形に曲がったとげが密生します。昭和初期に渡来しました。

オオオナモミ　藤枝市

地域による植物の特徴

　静岡県は東西に長く、自然のおいたちや気候などから、伊豆半島、東部、中部、西部の各地域で、それぞれ植物の分布に違いがあります。

伊豆半島の植物　伊豆半島は海に囲まれ、海岸は砂浜もありますが、ほとんど岩石海岸で、そこを好む植物が多く見られます。低地は照葉樹林ですが、天城山などの山地には立派なブナ林があります。特有の植物も多く、とくにシダ植物の宝庫として全国的に知られています。

城ケ崎海岸のクロマツ林　伊東市

海岸の植物　伊豆半島の海岸にそったところにはクロマツやウバメガシ、イブキ、イヌマキ、ヒメユズリハ、ヤマモモなどの林があります。天然記念物に「大瀬崎のビャクシン（イブキ）樹林」（32ページ）、「子浦のウバメガシ群落」、「御浜岬のイヌマキ群生地」などがあります。

ハマオモトの群落　下田市

海岸の草花　伊豆半島の海岸ではスカシユリ（32ページ）やイソギク（33ページ）、アシタバ、ハマオモトなどが見られます。イワタイゲキやボタンボウフウなどは、県内では伊豆半島しか分布していません。

山地の植物　伊豆半島の最高峰、天城山の万三郎岳は海抜1,406mなので、伊豆半島には亜高山帯はありません。山地にはブナが茂り、ミズナラやカエデ類の林があります。アマギシャクナゲやアマギツツジ、天城山の地名の起こりになったアマギアマチャなどは、伊豆半島を代表する植物です。

アマギツツジ　天城山

低地の植物　伊豆半島の低地にはシイやカシ類の林があり、伊東市の「八幡野八幡宮来宮神社社叢」（26ページ）や「天照皇太神社社叢」は天然記念物に指定されている代表的な林です。

伊豆半島に特有な植物　伊豆半島を中心に、せまい地域だけに限って分布する植物があります。海岸のイズアサツキやソナレセンブリ、シモダカンアオイ、イズドコロ。山地ではイズカニコウモリやアマギツツジ、アマギカンアオイなど多数あります。

シモダカンアオイ　下田市

伊豆半島のシダ　雨量が多く、気温も高く、谷が深いこともあり、伊豆半島はシダの宝庫です。伊豆半島を北東限とするシダも多く、リュウビンタイやハイコモチシダ、シロヤマゼンマイ、ユノミネシダなどがあげられます。伊豆半島はシダの分布を考える上で重要なところです。

ハイコモチシダ　浄蓮の滝

東部地域の植物　日本最高峰の富士山は、氷河期以後に火山活動でできたので、高山植物はあまりありませんが、広大な裾野の草原は春や秋に美しい草花におおわれます。湿地の植物の中には県内では東部地域にしか分布しない種類もあり、またフォッサマグナ要素の特有な植物が数多くあります。

富士山の高山帯

富士山の高山植物　富士山が現在の姿になったのは、氷河期以降なので、高山植物の種類はあまり多くありません。富士山には、高山にふつうにあるハイマツがなく、かわりにカラマツが高山帯まであり、ハイマツのようにはえているなどの特徴があります。ムラサキモメンヅルは分布の南限です。

富士山麓の草原　富士山麓には広い草原があります。春はニリンソウやカタクリ、キスミレなどのスミレの仲間が多く、秋はシシウドやキスゲ、マツムシソウなどの草花が咲き乱れます。

山地の植物　東部地域の山地には、明神峠や愛鷹山、函南原生林など自然環境保全地域に指定された林があります。ここでは、ブナやミズナラ、アカガシ、ヒメシャラな

どの立派な林が見られます。金時山にはヒメシャガやコイワザクラが、天子山地にはアヤメやテガタチドリがあります。三国山地には高山植物のフジハタザオなどがあります。

フジハタザオ　富士山表口

愛鷹山の植物　愛鷹山にはアシタカツツジやトウゴクミツバツツジが群生し、ハコネコメツツジやヒトツバショウマ、シラヒゲソウなどの植物があります。

湿地の植物　東部地域には、田貫湖や小田貫湿原、浮島沼などに湿地があります。小田貫湿原のアサマフウロ、浮島沼のオニナルコスゲ、サワトラノオなどは、県内では東部地域にしか分布しません。

フォッサマグナ要素　伊豆半島や富士山、箱根山地、伊豆諸島には、固有の植物が多数分布しています。自然のおいたちと、火山や海岸の環境が、植物に分化をもたらし、固有の植物ができたと考えられています。マメザクラやタテヤマギク、アシタカツツジ、ハコネコメツツジ、サンショウバラ、フジハタザオなどがあります。

マメザクラ　富士山表口

アサマフウロ　小田貫湿原

サンショウバラ　箱根山

中部地域の植物　三保海岸には、手入れされた立派なクロマツ林があります。安倍川の上流の山地には、夏緑樹林があり、美しい紅葉が見られます。高草山や竜爪山など、植物のたいへん豊かなところもあります。南アルプスでは夏に高山植物の美しいお花畑が見られます。

南アルプス赤石岳を望む　静岡市

山地の植物　標高800m以上の山地には、ブナなど夏緑樹の茂る林があります。蕎麦粒山（そばつぶ）や梅ケ島、大札山では、春にアカヤシオやシロヤシオの美しい花が咲きます。安倍峠には、オオイタヤメイゲツの林があり、秋に素晴らしい紅葉が見られます。アベトウヒレンは固有の植物です。マツノハマンネングサなど、フォッサマグナ要素

シロヤシオ　静岡市梅ケ島

の植物も分布しています。高草山のキスミレ（29ページ）は、ササが茂り最近では少なくなりました。シコクハタザオやヤマタバコなどもあります。竜爪山ではチャボホトトギスなどが見られます。

海岸の植物　清水市の三保には「三保の松原」に代表されるクロマツの林があり、ハマゴウが群生し、それに寄生してハマネナシカズラがはえています。大崩海岸や御前崎海岸は岩石海岸で、イソギク（33ページ）やスカシユリ（32ページ）、ハマウドなどあります。

南方系植物の分布限界地　中部地域は、一部の南方系植物分布の北東限分布地になっています。これらの植物には、ヤマモガシやナナミノキ、カンザブロウノキ、ヤマビワなどがあり、天然記念物に指定されている藤枝巾の「若一王子神社の社叢」で見られます。

南アルプスの植物　南アルプスには高山植物が350種類ほどあります。高山植物は、氷河期に北方から南下した植物が、気温の上昇とともに北にもどっていく中で、高山にとり残され、生きのびた種類です。北極周辺地域と共通する種類や、長い年代の間に分化し固有の種類になったものがあります。

南アルプスの南限植物　南アルプスより南に高山がないので、ハイマツやクロユリ、ウサギギク、チシマギキョウ、タイツリオウギなど、南アルプスを分布の南限とする植物が多数あります。

チシマギキョウ　荒川岳

ナナミノキ　牧之原

ウサギギク　悪沢岳

西部地域の植物　天竜川付近を境にして、西側に分布する植物は愛知県などと共通する種類が多く、東側の植物分布と違いがあります。西部地域には池や沼などの湿地が多く、湿生植物が多数分布します。遠州灘海岸は砂浜が広がり、砂浜を好む海浜植物が見られます。また、西部地域には蛇紋岩や石灰岩が分布し、その分布地域に固有の植物があります。

岩岳山のアカヤシオ

山地の植物　西部地域の標高800m以上の山地には、ブナやミズナラの茂る夏緑樹の林があります。岩岳山の「アカヤシオ、シロヤシオ群生地」は、天然記念物に指定されています。

低地の植物　低地にはシイやカシ類の茂る照葉樹林があります。浜岡町の比木賀茂神社や袋井市の油山寺などには、これらの立派な林があります。小笠山は東海地方の海岸の中で自然が残された貴重な山地です。とくにシダの種類は多く、シダの宝庫です。

湿地の植物　浜名湖周辺と桶ケ谷沼には湿地があります。西部地域の湿地には、県内ではここにしか分布しないトウカイコモウセンゴケ、カガシラ、ヒメシロアサザ（31ページ）などの種類があります。

海岸の植物 遠州灘の海岸には、ビロウドテンツキなど砂浜海岸の植物が見られます。ハマエンドウやハマヒルガオは海岸に広く分布し、太田川河口にはハマボウ（33ページ）の群落があります。

特殊岩石の植物 引佐町には、蛇紋岩地帯があり、シブカワツツジやシブカワシロギク、シブカワニンジンなど、固有の植物が分布しています。水窪町の奥地の石灰岩地帯にはイワツクバネウツギやツゲ、イチョウシダ、クモノスシダなどがあります。

シブカワツツジ　引佐町

美濃・三河要素 天竜川付近を境にして、東側と西側で植物の分布に違いがあり、天竜川の西側までしか分布しない植物が多数あります。山地ではホソバシャクナゲ、湿地ではシラタマホシクサやミカワバイケイソウなどがそれです。これらの植物は、伊勢湾周辺から天竜川の西側までに限って分布しているので、美濃・三河要素と呼ばれています。

ホソバシャクナゲ　佐久間町

シラタマホシクサ　浜北市

ミカワバイケイソウ　浜北市

（杉野孝雄）

昆 虫

　近年の環境変化によって、昆虫類もほかの動植物と同じように減少をはじめています。貴重種とその生息地を守るためにも、静岡県産の昆虫類リストをつくることが今求められています。ここでは、昆虫全体についての概説と甲虫類、チョウ、トンボ、そのほかの昆虫について解説をします。なお、水生昆虫については「淡水の生きもの」にふくめて掲載しました（110～116ページ参照）。

静岡県の昆虫

　静岡県の昆虫については、チョウ、トンボ、甲虫類の一部（オサムシ、カミキリムシなど）をのぞいて、まだあまり調べられていません。そのため、現在静岡県に何種類の昆虫がすんでいるかわかっていません。植物の種類数やよく調べられている一部の昆虫類の種類数から見て、静岡県は全国でも昆虫の数がもっとも多い県の中に入るものと思われます。

富士川の東と西　静岡県はだいたい富士川を境として、自然の成り立ちが東西で大きく違っています。この成り立ちの違いは、植物の世界を東西に変化させ、それにともなって昆虫の世界も、富士川の東と西で大きく変わっています。

富士山麓　富士川の東側には火山が多く、その代表として富士山があります。富士山麓には火山活動がもとになってできた草原があり、ここにヒメシロチョウ、ゴマシジミ、ヒメシジミのような草原のチョウがすんでいます。草原のチョウの生息地は古くからの草刈り地で、やぶや森林にならないように草刈りや野焼きによって守られたもので、半分くらい人の手が入った草原といえるでしょう。これらのチョウ類は富士川以西の静岡県中西部では見ることができません。

富士山麓朝霧高原の草原

ヒメシジミ　　　　　　　　©天野市郎

静岡県西部の湿性草原

南アルプス　富士川の西側には南アルプスがあります。ここにはクモマベニヒカゲやミヤマシロチョウのような「高山チョウ」、アルプスヤガのような「高山ガ」、アカイシヒナバッタのような高山性のバッタなどがすんでいます。これらの昆虫類は富士山では見ることができません。これは富士山が氷河期のあとにできた新しい火山であることによるものと考えられます。

湿地　県西部の三方原台地から湖西連峰にかけてのところどころに見られる湿地は、ヒメヒカゲやハッチョウトンボなど湿原にすむ昆虫類の生息地となっています。またこの地域の一部には、かつてはかなり広い地域に見られた大型水生昆虫のタガメが生き残っています。このほかにも、静岡県内において富士川の東と西に分かれてすんでいる昆虫類は多く、東西で違った自然環境が昆虫の分布に大きな影響をあたえていることがわかります。

南アルプスのお花畑

ヒメヒカゲ　　　　　　　　©天野市郎

垂直分布　山を垂直に100m上がるにつれて、気温は約0.6℃ずつ下がります。3,000m登ると平地より18℃低くなります。このような気温の変化にしたがって植物の分布も変わり、それとともに昆虫類の分布も変化します。

高山帯　標高約2,600m以上は高山帯または低木林帯などと呼ばれ、ふつうはハイマツにおおわれますが、ところどころに高山植物の「お花畑」があります。このような「お花畑」には高山チョウのベニヒカゲのほか、花の蜜を求めて山麓から上がってきたクジャクチョウやギンボシヒョウモンなどがよく見られます。また長距離移動で有名なアサギマダラが風に乗って尾根を越えていくのを見ることもあります。

アサギマダラ

針葉樹林帯　標高約1,600～2,600mは、うっそうとした常緑樹におおわれています。うす暗い林の中には昆虫は少ないのですが、谷すじには草花も多く昆虫もいます。南アルプスの谷間にはクモマツマキチョウ、ミヤマシロチョウ、ベニヒカゲなどの高山チョウがすんでいます。広葉樹の枯れ枝などにはフジコブヤハズカミキリ（富士山）、タニグチコブヤハズカミキリ（南アルプス）などが見られることもあります。

夏緑樹林帯　標高約750～1,600mには夏緑樹林帯とも呼ばれ、春夏秋冬の変化がもっともあざやかで、また昆虫類のもっとも豊かなところでもあります。エゾハルゼミやコエゾゼミの鳴き声が聞かれ、ハナカミキリ類やミドリシジミ類の多いところで、ヒメオオクワガタも見られます。伊豆の天城山、愛鷹山、富士山、南アルプスなどにこの森林が広がっています。富士山麓の草刈り地となっている草原もこの高さにあります。

照葉樹林帯　標高約750m以下のところは、もともとシイやカシ類などの常緑樹（照葉樹）が茂るところですが、ここには暖地性の昆虫類がすみ、森のあるところにはオオゴキブリ、クチキコオロギ、クマゼミ、アオスジアゲハなどが見られます。この地帯の大部分は市街地や田畑、そしてスギ・ヒノキの植林地となっていますが、古い神社や寺などの裏山には自然林がよく残されています。

昆虫のすむ場所　昆虫はそれぞれ自分たちのすむ場所をもっています。ここでは、それぞれの環境に分けて、そこにすむ昆虫を見てみましょう。

自然林　森林は昆虫類の宝庫で、樹木のこずえの部分（樹冠）、幹の部分、そして下生えや落ち葉の部分（林床）などに分かれて、いろいろな昆虫類がすんでいます。自然林は、人の手があまり入っていない自然のままの林です。うっそうと茂った森の中では、昆虫はあまり目立ちませんが、森林の縁や林の中の小さな空き地には、多くの昆虫類が見られることがあります。うす暗い森の中にはコジャノメ、クロコノマチョウのようなジャノメチョウ類のほか、朽ちた木をくずすと中からオオゴキブリが現れることもあります。山地の小さな流れにそった森林の縁ではミドリシジミ類が乱舞し、シシウドなどの花の上にはハナカミキリ、ハバチ、ハナアブなどの類が群らがっているのがよく見られます。

ヒメオオクワガタ　　　　©平井克男

社の森　伊豆半島や駿河湾ぞいの神社や寺の裏山に茂るシイ林のこずえでは、梅雨明けのころヒメハルゼミの大合唱が聞かれることがあります。夏の暑い日、エノキの大木のこずえの上を赤すじのある緑色の羽を輝かせてヤマトタマムシが飛ぶのをよく見かけます。

鬼岩寺の森　藤枝市

雑木林　雑木林はもともと薪や炭をとるためにクヌギやコナラの木を育て、20年くらいで伐採してまた新しい林を育てることをくり返してきた林で、近ごろではもっぱらシイタケの栽培に利用されています。林内は草刈りをして落ち葉などもとりのぞかれるので明るく、いろいろな昆虫がすむのに適します。早春にはミヤマセセリがせわしげに飛び、場所によってはギフチョウも姿を現します。伊豆大仁町の町民の森などでは梅雨の晴れ間にウラナミアカシジミやアカシ

ジミなどが夕日をあびてクヌギのこずえの上を飛びまわります。このころ、満開のクリの花にはトンボエダシャクなどの昼間に飛ぶガ類やカミキリムシ、ハチ、アブの類が群らがっています。暑い夏の日、クヌギやコナラの樹液にはルリタテハやサトキマダラヒカゲなどのチョウ類、キシタバなどのガ類、カブトムシ、コクワガタ、ヨツボシケシキスイなどの甲虫類、それにオオスズメバチなどのハチ類がよく集まっています。最近、林の縁のカラムシからララミーカミキリがよく見つかるようになりました。

に豊富です。チョウ類では幼虫がメドハギを食べるキチョウ、シロツメクサを食べるモンキチョウ、スイバを食べるベニシジミなどが常連といったところでしょう。富士山麓の草原には県下のほかの地域には見られない草原のチョウが、また西部の湿地（湿性草原）にも特徴のある昆虫類がすんでいます。

キリギリス　　　　　　©杉本　武

ララミーカミキリ　　　©平井克男

草原　川の堤防や山の草刈り地などには草原があり、富士山麓にはもっと広い草原が広がっています。川の堤防の草地などでまず目につくものはバッタの仲間です。トノサマバッタ、クルマバッタモドキ、ショウリョウバッタなどの大型のバッタ類のほか、キリギリス、カヤキリ、スズムシ、マツムシなどは夏から秋にかけての堤防の草地

マツムシ　　　　　　　©杉本　武

渓流　きれいな水が流れる川べりは、いろいろな流水性のトンボの生息地となっています。伊豆半島の狩野川に注ぐ柿田川は豊かな湧き水でよく知られ、アオハダトンボ、ハグロトンボ、ヒガシカワトンボなどが多くいる場所として有名です。狩野川本流ぞいには、ホンサナエ、ダビドサナエ、コオニヤンマなどサナエトンボ類がたく

さん見られます。県下全域の川の上流部には、初夏のころムカシトンボが姿を現します。このトンボは古い生物の特徴をもつことで知られています。渓流の上を往復しているをよく見かけますが、とても速く飛び、その姿を見失いがちです。夏から秋にかけて見られるオニヤンマやミルンヤンマも幼虫（ヤゴ）が流水中で育ちます。

河原と露岩地　河原は洪水によって水をかぶるので、あるきまった植物しかはえることができません。しかし、このような河原でしか生活することのできない昆虫も見られます。カワラバッタは地上にとまっているときは小石や砂にまぎれて見つけにくいものですが、人の気配に驚くと青味をおびた灰色の羽を広げて勢いよく飛び立ちます。カワラスズやミヤマシジミなども河原を代表する昆虫類です。水窪町や佐久間町など県北西部に見られる巨岩の上には多肉質のツメレンゲ（ベンケイソウ科）がはえ、幼虫がこの植物を食べるクロツバメシジミがすんでいます。ツマジロウラジャノメもこのような露岩地や崖のようなところで生活するチョウの一種です。

海岸　遠州灘にそう砂浜の明るい草地にはハマスズなどのコオロギ類、ハタケノウマオイ、タイワンクツワムシなどのキリギリス類、マダラバッタ、トノサマバッタなどのバッタ類がすみ、伊豆半島や焼津市の大崩海岸などの磯はウミコオロギやイソカネタタキの生息地となっています。

池と沼　池と沼はトンボ類とタイコウチ、ミズカマキリ、マツモムシ、コオイムシ、ゲンゴロウなどの生息地となっています。磐田市の桶ケ谷沼には60種以上のトンボ類がすみ、チョウトンボやコフキトンボがたくさん見られます。現

コフキトンボ（オビ型）　©伴野正志

在全国でもほかの地域からほとんど姿を消したベッコウトンボが多いことで有名です。ここにはアオヤンマ、トラフトンボ、ベニイトトンボなど、県下のほかの地域にはあまり見られないトンボ類が豊富に生息しています。　（高橋真弓）

カワラバッタ

甲虫類

静岡県における甲虫類の調査は十分ではありませんが、記載されていない種をふくめて今までに約4,200種が確認されていて、日本で一番豊富な甲虫相をもつ県です。さらに詳細な調査が進むと、日本産甲虫類の半数近くの種類が発見されるのではないかと考えられています。以下に静岡県の代表的な甲虫を紹介します。

地球は甲虫の星　カブトムシやクワガタムシに代表される甲虫類は、表皮がかたくて、頭部、胸部（前胸）、前ばね（鞘翅）におおわれた中胸・後胸と腹部の3つの部分からなることが特徴です。全生物の中でもっとも種類数が多いグループで、日本から約10,600種（1998年）、世界では約37万種（1984年）が記録されていて、全動植物の種類の約1/4をしめています。しかも熱帯産の甲虫には膨大な数の研究されていない種類があり、研究が進めば甲虫類だけで100万種、研究者によっては500万種あるいは1,000万種に達すると予測されています。まさに、地球は甲虫の星です。

カワラハンミョウ　体長約15mm、背面はわずかに緑色をおびた暗い灰色で、鞘翅の周縁は乳白色をしています。海岸や大きな川の河原にすみ、その色彩は砂の上ではたいへん見つけにくくなります。近年、護岸工事や車の砂浜への乗り入れなどによって生息地が破壊され、全国的に個体数が減少しています。

カワラハンミョウ　　シズオカオサムシ

シズオカオサムシ　体長約25mmの中型のオサムシです。背面は銅色～赤銅色で、頭部、前胸背板、鞘翅の周縁は緑色の金属光沢をしています。静岡県の大井川以東と神奈川県南西部、山梨県南部の低い山地や丘陵地にすんでいます。

オオヒョウタンゴミムシ　一見クワガタムシのような大型甲虫で、全体が黒色、体長28～38mm、発達した大あごを加えると45mmになります。海岸や河原の砂地にす

み、深い坑道を掘って昼間はその中にひそみ、夜間に地面を歩きまわり、ほかの昆虫類などをとって食べます。

オオヒョウタンゴミムシ　コガタガムシ

オオハネカクシ　イブシアシナガミゾドロムシ

コガタガムシ　名前のように大型水生甲虫のガムシに似ていて、小さくやや細型、体長は約25mmです。平地の池や沼にすみ、九州南部から琉球列島以南では今でもふつうに見られますが、静岡県では磐田郡福田町で灯火に飛来した1個体の採集例があるだけです。

オオハネカクシ　体長23mmに達する大型のハネカクシで、体は黒色で、短い鞘翅に灰白色〜灰黄色の毛からなる帯状の斑紋があります。海岸の砂地などに多く、魚の死体などの腐敗動物質に集まり、そこに発生したハエの幼虫などのほかの昆虫類をとって食べます。

イブシアシナガミゾドロムシ　渓流や河川の流水の中にすむ体長3mm弱の微小な甲虫で、背面は灰黒色で光沢がなく、体の下面は赤褐色をしていて平坦になっています。静岡県西部地域の川でふつうに見られ、夜間にはしばしば多数の成虫が灯火に飛来することがあります。

チビクワガタ　名前のように体長9〜15mmの小型のクワガタムシで、黒色で光沢があり、鞘翅の縦すじがよく目立ちます。サクラなどの広葉樹の朽ちた木にいて、成虫はほぼ1年中見られます。静岡市は分布の東限にあたります。

ミヤマクワガタ　大型の個体は体長が70mmを超し、最大の個体で78.6mmという記録があります。日本本土産のクワガタムシのうち、体長ではオオクワガタをしのいで

最大のクワガタです。オスの頭部背面の両側とうしろ側のふちどりはいかにもいかつい感じがして、かっこうのよさでも一番かもしれません。

原で見つかっていて、成虫は6〜10月に見られ、夜間はよく灯火に飛来します。

チビクワガタ　　ミヤマクワガタ

オオセンチコガネ　　ダイコクコガネ

オオセンチコガネ　体長約20mm、背面は赤紫色の強い金属光沢があり、とても美しい種類です。この宝石のような甲虫は山地のけもののふんなどに集まり、ふんの下に坑道をほってふんを運びこれに産卵します。山間の牧場の牛ふんの下で見つかるほか、飛んでいる個体をよく見かけます。

ダイコクコガネ　ふんを食べる（食糞性）コガネムシの一種で、体長20〜28mm、全体は黒色で、オスの頭部背面中央には一本の長い角（つの）があり、胸部（前胸背板）には先がふたまたに開いた幅広い突起があります。静岡県では朝霧高

ヒゲコガネ　名前のようにオスの触角（ひげ）がよく発達した大型のコガネムシで、体長32〜39mm、背面は栗色の地に黄白色の小さな斑紋が不規則に散っています。成虫は7〜8月に現れてよく灯火に飛来し、幼虫は海岸や河原などの砂地にすんで、土中の植物の根を食べあらします。

カブトムシ　日本の甲虫の代表的な種類です。コガネムシ科の大型の種で、体長は角をのぞいて30〜53mm、沖縄本島でヤンバルテナガコガネ（体長：51〜62mm）が発見されるまでは日本で一番大きな甲虫でした。成虫はクヌギやコナラ，クリなどの樹液に集まり、夜間は灯火にも飛来します。

ヒゲコガネ　　　カブトムシ

タマムシ（ヤマトタマムシ）　体長約35mm、少し扁平な紡錘形をしていて、金緑色で1対の青紫色の縦すじがあり、縦すじの縁は金赤色です。成虫は7～8月ころに現れ、エノキやケヤキなどの樹冠の上をゆっくりと飛びます。

ヤマトタマムシ　　　ヘイケボタル

ヘイケボタル　ゲンジボタルよりひとまわり小さく、体長7～10mm、黒色で前胸背板（胸部）は赤く、正中部に太くて黒い縦すじがあります。成虫は4～10月まで見られ、幼虫は水田や用水路などの流れのゆるやかな場所にすみ、モノアラガイなどの淡水産貝類を食べて育ちます。

キンイロジョウカイ　体長20～24mm、鞘翅は紫銅色で基部は強い金属光沢があり、翅端は黄褐色、触角、胸部（前胸背板）の両側、肢の先の方も黄褐色をしていて美しい種類です。ホタルと同じように鞘翅が軟弱ですが、性格はどう猛で、ほかの昆虫類をとって食べます。成虫は5月ころ出現し、平地の樹葉の上に見られます。

キンイロジョウカイ　　ルリヒラタムシ

ルリヒラタムシ　ヒラタムシ科はその名のとおりとても扁平で小さな甲虫です。ルリヒラタムシは日本産ヒラタムシ科の中でもっとも大きな種類で、体長20～27mm、黒色で、鞘翅は光沢のない青藍色

をしていて、体の厚さは体長の1/10程度です。山地の枯れ木の樹皮の下にすんでいます。

クリサキテントウ いろいろな種類の植物の上にもっともふつうに見られるナミテントウにとてもよく似ています。外形だけで成虫を区別することはできませんが、幼虫の色と斑紋ははっきりと違います。マツ類の樹上にだけすんでいて、静岡県では清水市三保の松原のクロマツ林にいます。

クリサキテントウ

オオキノコムシ 体長16〜36mm、体は細長く、黒色で、胸部（前胸背板）と鞘翅の肩部、翅端前に黄色〜赤色の斑紋があります。成虫は山地の森林のサルノコシカケ（多孔菌）に集まり、幼虫はこれらのキノコの菌糸がはびこったブナなどの朽ちた木の中にトンネルを掘って食べあらします。

オオキノコムシ

アトコブゴミムシダマシ 甲虫の中でもっとも変わった形をしたひとつです。体長14〜21mm。体は黒色ですが、全面黄土色の鱗毛と同じ色の泥のようなものでおおわれ、大小のこぶがあり、触角と肢をちぢめると、木のかけらや土のかたまりにしか見えません。山地の枯れ木や倒木にいて、そこにはえた菌類を食べるようです。

アトコブゴミムシダマシ 　　キベリカタビロハナカミキリ

キベリカタビロハナカミキリ 体長14〜22mm、黒色で、鞘翅後半の両側に黄色い縦すじがありますが、南アルプスや富士山では鞘翅全体が黄褐色となる型が多く見られます。中部地方と関東地方、九州地方の山岳地帯に分布し、成虫は7〜8月ころに出現し、昼間にノリウツギやシシウドなどの花に集まります。

ルリボシカミキリ　日本産カミキリムシ科の中でもっとも美しい種のひとつです。体長18〜29mm、空色の地に鞘翅に丸い3対の黒紋がならび、触角の基部数節の先端に黒いふさかざりがあります。成虫は6〜9月に出現し、山地のブナなどの広葉樹の伐採木や立ち枯れに集まり、土場（伐採木の集積場）でもふつうに見られます。

カワホネネクイハムシ　幼虫が水草のコウホネの根を食べあらし、成虫もその浮き葉を食べる水生のハムシの一種で、体長7.5〜10mm、背面は緑銅〜赤銅色の金属光沢があります。これまでは長野県大町市が分布の西南限でしたが、静岡県でも発見されました。このような北方系の種が、温暖な静岡県で発見されたことは驚くべきことです。

ルリボシカミキリ　フジコブヤハズカミキリ

カワホネネクイハムシ

フジコブヤハズカミキリ　体長12〜19mm、黒色で、褐色の密集した微毛によっておおわれ、鞘翅は肩がはって基部に黒色の大きな顆粒があり、中央後方に淡色の帯紋があります。また、翅端は鋭くとがり、後翅はありません。成虫は秋に出現し、丸まった枯れ葉の中にいて、これを食べ、落葉の下で成虫で越冬します。静岡県では富士山周辺にすんでいます。

オオルリハムシ　体長が9〜14mmの大型のハムシです。背面は金緑色で胸部（前胸背板）と鞘翅の各中央付近は金赤紫色をしていてとても美しい種類です。おもに湿地〜半湿地にすみ、静岡県では富士山西麓の朝霧高原だけで見つかっ

オオルリハムシ

55

ています。シソ科植物を食べ、朝霧高原ではヒメシロネについていました。

アカツツホソミツギリゾウムシ
体長約6mm、文字どおり細長い筒形をした奇妙な形の甲虫です。赤褐色で、全体に光沢があり、鞘翅は黄褐色で会合部と両側は暗色です。たいへん珍しい種類で、静岡県が東限です。

アカツツホソミツギリゾウムシ

アダチアナアキゾウムシ 吻(動物の口先の部分)をのぞく体長が11〜13mmの少し大型のゾウムシです。黒色で背面に黄白色の鱗毛があり、鞘翅では複数の鱗毛が集まってマダラ状の斑紋をつくります。本州の亜高山〜高山帯に分布し、静岡県では南アルプスの高山帯でハイマツの近くの石の下などから発見されます。

オオゾウムシ 日本産ゾウムシ類の中で大きさが最大の種類です。吻をのぞく体長は最大で29mmに達し、体の地色は黒色で、体表に暗灰褐色の微細な鱗毛がフェルト状に密集してはえているため土色に見えます。鞘翅には灰黄色と黒褐色の斑点がならんでいます。成虫は6〜9月に出現し、クヌギなどの樹液に集まるほか、夜間によく灯火に飛来します。

アダチアナアキゾウムシ 　　オオゾウムシ

(多比良　嘉晃)

チョウ

　静岡県で見つかっているチョウは約140種です。この中には、カバマダラのように南方から飛んできて、一時的に繁殖したものもふくまれています。静岡県は、長野、山梨、新潟などとともに、もっともチョウの種類が多い県のひとつです。

住宅地にも見られるチョウ

　アゲハチョウやモンシロチョウなど、私たちの身近にもチョウがいます。

アゲハ　アゲハチョウの仲間は県下に11種がすみ、アゲハやクロアゲハ、アオスジアゲハなどは郊外の住宅地でもよく見かけます。アゲハの幼虫はミカン類やサンショウの葉を食べて育ち、さなぎで冬を越します。成虫はツツジやヤブガラシ、ヒガンバナなどの花を訪れて蜜を吸います。

モンシロチョウ

アゲハ

モンシロチョウ　菜の花の咲く3月下旬ころ現れ、晩秋まで7回くらい世代をくり返します。幼虫はキャベツのほかアブラナ、ダイコンなどアブラナ科植物の葉を食べて育ちます。しかし、レタス（キク科）やホウレンソウ（アカザ科）の葉はけっして食べません。山に入るとひとまわり大型のスジグロシロチョウが多くなります。

ベニシジミ　小川の土手や道路ぞいなどの草地でよく見かけるかわいらしいチョウで、早春から晩秋まで見ることができます。幼虫はタデ科のスイバなどの葉を食べて育ちます。早春に現れる春型はあざやかなオレンジ色をしています

ベニシジミ

が、6月以後に現れる夏型は黒ずんだ色をしています。

ヒメジャノメ　田んぼや水路ぞいの草むらでよく見かける地味なチョウで、羽によく目立つ目玉模様があります。幼虫はジュズダマやイヌビエのようなイネ科植物を食べて育ち、ときにイネからも見つかることがあります。このチョウによく似たコジャノメはさらに色が濃く、田畑には見られず森の中にすんでいます。

ヒメジャノメ

イチモンジセセリ　秋のはじめごろ、よく学校の教室にも入ってきます。むかしはこのチョウを餌にしてカエルやザリガニを捕まえたものでした。とても飛ぶ力が強く、群れをなして海を渡ることもあります。よく似たチョウにチャバネセセリがありますが、このチョウはイチモンジセセリのように後羽の白い紋が一列ではなく孤状にならんでいます。

神社や寺の森にすむチョウ

クスノキやシイノキなどの大木がこんもりと茂り、ここには森のチョウがすんでいます。

アオスジアゲハ　黒地に太い青すじがあり、とても速く飛びます。幼虫はクスノキの葉を食べて育ち、手で触ったりすると、ほかのアゲハチョウ類の幼虫のように、強い臭いのするツノ（肉角）を出します。成虫はネギぼうず、夏はヤブガラシの花によく集まります。夏の暑い日に地上で水を吸っていることもあります。

イチモンジセセリ

アオスジアゲハ

ムラサキシジミ　成虫のまま木の葉の上で冬を越します。秋の終わりごろ草の上に羽を開いて日光浴をするのがよく見られます。幼虫はアラカシの若葉を折りまげて巣

をつくってその中にかくれています。幼虫の背中から出る蜜にたくさんのアリが集まっているのをよく見かけます。

ムラサキシジミ

クロコノマチョウ よく茂ったうす暗い森の中にすみ、落ち葉の上に止まったときは、羽の裏側の模様が枯れ葉そっくりなので、近くからでもなかなか見つかりません。秋には落ち柿の実にとまって汁を吸います。成虫は落ち葉の間にもぐりこんで冬を越します。幼虫はイネ科のジュズダマやススキの葉を食べて育ちます。

クロコノマチョウ

雑木林のチョウ

おもにクヌギやコナラからなる雑木林は、ほかに植物の種類も多いので、ここにはいろいろなチョウがすんでいます。

ギフチョウ 黄と黒のだんだら模様がある小型のアゲハチョウで、早春のごく短い時期だけに姿を現すので、「春の女神」と呼ばれることもあります。むかしは富士川から安倍川の間と磐田原から湖西連峰にかけての低い山に広く見られましたが、現在県下では西部地域の引佐町から天竜市の間の枯れ山付近と東部地域の芝川町の一部にだけに生き残っています。

ギフチョウ

ルリタテハ 頑丈な胴体と長い触角をもったとてもすばしこいタテハチョウで、オスはなわばりをつくり、近くを飛ぶチョウやほかの昆虫を激しく追いかけてもとの位置にもどります。秋に現れた成虫（秋型）はそのまま冬を越し、春になってから卵を産みます。幼虫はユリ科のサルトリイバラやホトトギスの葉を食べます。

ルリタテハ

ミヤマセセリ

サトキマダラヒカゲ クヌギやコナラの幹の樹液を吸います。ヒカゲチョウやルリタテハ、ときにはカナブン、カブトムシ、オオスズメバチなどといっしょに樹液に集まっています。幼虫はメダケやネザサなどの葉を食べて育ちます。深い山には黒っぽい色のヤマキマダラヒカゲがすんでいます。

サトキマダラヒカゲ

ミヤマセセリ 新芽が開きはじめた早春の雑木林に見られ、日の当たる落ち葉の上に羽を開いてとまります。タチツボスミレの花の蜜を吸います。幼虫はクヌギやコナラの葉を食べて育ち、落ち葉の中で冬をすごします。ギフチョウとともに早春を代表するチョウです。

河原のチョウ

河原にはほかの場所には見られない植物がはえていて、とくに河原との関係の深いチョウの種類が見られます。

ツマグロキチョウ 前羽に黒い縁どりがあり、前羽の先がとがっています。幼虫は河原の砂地によくはえるカワラケツメイ（マメ科）の葉を食べて育ちます。秋に現れた成虫は河原をはなれて近くの山で成虫のまま冬を越します。

ツマグロキチョウ

ミヤマシジミ 裏側にオレンジ色の帯があり、オスは美しい青紫色ですが、メスは地味な褐色をしています。幼虫は河原にはえるマメ科のコマツナギの花や葉を食べて

育ちます。安倍川などの大きな川の河原にすみますが、富士山麓の草原でも見られます。

ミヤマシジミ

富士山麓の草原のチョウ

富士山麓の草原には草花の種類も多く、ここにはいろいろな草原のチョウがすんでいます。

ヒメシロチョウ 細長い羽と胴体をもつシロチョウの仲間で、幼虫はマメ科のツルフジバカマの葉を食べて育ちます。朝霧高原や陸上自衛隊東富士演習場などの草原で見ることができます。もともと富士山の噴火でできた草原にすみついたものですが、最近ではこのチョウのすむ草原が少なくなり、チョウの数も減っています。

ヒメシロチョウ

ゴマシジミ このチョウの幼虫ははじめはワレモコウ（バラ科）の花を食べて育ちますが、やがてクシケアリ類の巣の中に入り、アリの幼虫やさなぎを食べて成長します。次の年の夏にアリの巣の中でさなぎになり、8月ごろ成虫となって地上に現れます。朝霧高原などのごく限られた場所にすんでいます。

ゴマシジミ

南アルプスの高山チョウ

南アルプスには7種類の高山チョウがすんでいます。これらのチョウはもともと寒冷地のチョウでシベリアなどでは平地にもすんでいます。

クモマツマキチョウ 大井川上流の深い谷間にすみ、5～6月にかけて雪解けの谷間にそって飛びます。オスは前羽の前半が美しいオレンジ色で幼虫はアブラナ科のミヤマハタザオやシコクハタザオの実を食べて育ちます。このチョウはサハリンでは平地のチョウで、道路わきの草地などでよく見かけます。

クモマツマキチョウ

クモマベニヒカゲ　標高2,500～2,700mの高さにある深い草原にすみ、8月ごろマルバダケブキなどの黄色の花によく集まります。白根三山から光岳にかけての尾根の森林帯の終わるところ（森林限界）に広く見ることができます。南アルプスにはこのチョウによく似たベニヒカゲも生息しています。

クモマベニヒカゲ

ふえてきたチョウ

　自然の開発や気候の温暖化の影響で多くのチョウが減っていますが、中には最近ふえてきたチョウもあります。

ウスバシロチョウ　モンシロチョウをひとまわり大きくしたチョウでアゲハチョウの仲間です。もともと富士山麓にはほとんど見られなかったチョウですが、70年代ごろからふえはじめ、現在では山麓各地で初夏のころふつうに見られるようになりました。これは放牧によって土壌が変化し、食草ムラサキケマンがふえたためです。

ウスバシロチョウ

ツマグロヒョウモン　オスはふつうのヒョウモンチョウの模様ですが、メスの前羽の先に黒い部分があります。暖地のチョウで、もともと静岡県には少なかったものですが、90年代に入ると静岡市あたりでもふつうに見られるようになりました。このところの気温の温暖化などによるものと思われます。

ツマグロヒョウモン

（文：高橋真弓　写真：天野市郎）

トンボ

　静岡県では101種類のトンボが記録されています。静岡県は温暖で、本州の平地に分布する種を中心に多くのトンボがいます。寒い地域に分布の中心があるアオイトトンボやルリボシヤンマなどは、県内では分布が限られています。西日本に分布の中心があるオオカワトンボ、タベサナエ、フタスジサナエは、いずれも県内が分布の東限となっています。

河川のトンボ

　ひとくちに川といっても、渓流や上流から河口域、また小川や用水路などもふくみ、広範囲にわたります。川床や岸のようすや水温、水量、流れの速さ、抽水植物の有無、流域のまわりの陸環境など、さまざまな環境要素が複雑にからみ、それぞれの環境に適応した種が生息しています。県内では狩野川水系や都田川水系などに、多くの種類のトンボが見られます。

ムカシトンボ　「生きている化石」とも呼ばれるトンボで、この仲間は世界中でわずか2種類しか知られていませんが、そのうちの1種がこのムカシトンボです。水が冷たくてきれいな、川のもっとも上流で見られます。渓流の上や流れにそった道を、早いスピードで飛びます。4～6月かけて春のほんの短い間に見られます。

オジロサナエ　小型のサナエトンボの仲間で、おもに川の上流域に5～9月の間に見られます。成熟したオスは瀬石の上などに静止して、なわばりをもちます。幼虫は流れ下ってしまう場合が多く、本来の生息環境からかなり下流で羽化が見られることが多いようです。

ムカシトンボのメス（羽化）天城湯ヶ島町

オジロサナエ

ヤマサナエ　おもに中流域や農業用水路などに、4～6月に見られるやや大きめのサナエトンボの仲間

です。成熟したオスは、瀬石や流れのふちの植物などに静止して、なわばりをもちます。里山のトンボの代表ですが、最近では減少しています。

ヤマサナエのメス　柿田川

オニヤンマ　5月下旬〜9月にかけて見られる、国内最大のトンボです。体のわりに、浅くて小さい流れを好みます。オスは流れや流れにそった道の上を、広い範囲にパトロールしながらメスをさがします。

オニヤンマ　柿田川

ハグロトンボ　5〜10月にかけて、おもに抽水植物などが生育している河川や水路などで見られます。

カワトンボの仲間で、未熟な成虫は羽化水域から少しはなれ、樹林の中や寺社、人家の裏側などの暗くてじめじめしたところで見られます。

ハグロトンボ　三島市沢地

コヤマトンボ　5〜8月上旬に、おもに川の上流から中流にかけて、また用水路などで見られるヤマトンボの仲間です。未熟な成虫は羽化水域から少しはなれた小高い丘の上などで見られます。オスは流れにそって飛びながら、なわばりをつくります。

コヤマトンボ　三島市長伏

ミヤマアカネ　5〜11月に、水田わきの水路などの小さな流れの場所で見られます。アカトンボの仲

間で、翅に茶褐色の帯があることから、ほかの種とは区別ができます。比較的冷たい水を好み、県東部や伊豆ではどこでも見られますが、県西部ではあまり多くありません。

ミヤマアカネのオス　柿田川

池や沼のトンボ

　池や沼には多くの止水性のトンボが生息していて、そのような環境はトンボにとって重要です。池や沼では、それらの水面の広さ、水深、抽水・浮葉植物の生育状況、周辺の陸の環境など、さまざまな環境の要素が複雑にからみあって、その場所のトンボたちの種類がきまっています。県の中部と西部には農業用のため池が多く見られ、トンボ類のよいすみかになっていましたが、現在では肥料や農薬などによる汚染のために、トンボの種類は少なくなっています。しかし、磐田市の桶ケ谷沼や静岡市の舟渡池などでは、まだ多くのトンボが見られます。

シオカラトンボ　4～11月上旬に池や沼だけでなく、水たまりなどにも飛来し、もっともふつうに見られるトンボです。幼虫は学校のプールなど、かなり人工的な環境にも生息します。メスはムギワラトンボとも呼ばれます。

シオカラトンボのオス　御殿場市仁杉

シオカラトンボのメス　三島市北沢

ウスバキトンボ　全身がオレンジ色で、翅が広いトンボです。熱帯地方を中心にほぼ世界中に見られますが、県内では幼虫が越冬できません。4月中旬ころに南方から海を渡って飛来したものが、池や水田で産卵し、約3カ月で成虫になり、夏の間空き地や草むら、水田の上をたくさん飛んでいます。アキアカネと似ていますが、背中

の正中線にそって複雑な黒条があります。

ウスバキトンボ　三島市長伏

ショウジョウトンボ　5〜9月、とくに真夏の水辺で見られる真っ赤なトンボはほぼ例外なくこのトンボです。同じ赤いトンボでもアカネ属のトンボと違い、脚も赤くなります。オスは水辺の抽水植物や棒の先などに静止して、なわばりをもちます。

ショウジョウトンボ　桶ケ谷沼

ギンヤンマ　日本の代表的なヤンマで、4月下旬〜10月中旬におもに広々とした池や沼、水田などに見られるほか、柿田川のような流れが平坦で開けた河川にも見られます。飛ぶ力が強く、かなり長い距離を移動することもあります。産卵は抽水植物などに連結したまま行われますが、メス単独の場合もあります。

ギンヤンマ　三島市北沢

クロイトトンボ　黒っぽい体に、オスでは腹部の第8と9節に青い斑点があります。5〜10月に、おもに水面が開けた池や沼に見られます。イトトンボの仲間ではもっともふつうに見られます。産卵は通常オスとメスが連結したまま行われます。

クロイトトンボのオス　柿田川

ウチワヤンマ　やや大型のがっしりとしたサナエトンボの仲間で、腹部の第8節がうちわ状に広がっ

ているところから名前がつきました。6〜9月に、おもに広々とした池や沼に見られ、オスは水面に突き出た棒や抽水植物の先などに静止しています。

ウチワヤンマのオス　川根町

チョウトンボ　青黒〜紫黒色で広い翅をもち、ヒラヒラとチョウのように飛ぶことから、この名前がつきました。6〜9月下旬に、抽水植物や浮葉植物が豊富で開放的な池や沼に見られます。未熟な成虫は池や沼の近くの草原や林縁を群れて飛びます。西部と中部ではいくつかの場所で見られますが、東部と伊豆では確認記録はあるものの、産地は知られていません。

チョウトンボ　桶ケ谷沼

コシアキトンボ　黒地に黄白色の部分があり、ここで体の一部が明るくあいているように見えることから、「腰明き（空き）とんぼ」の名前がつきました。5月下旬〜9月に、池や沼で見られ、樹木などにおおわれた少し暗いところを好みます。

コシアキトンボのオス

アキアカネ　中ぐらいの大きさのアカトンボの仲間で、オスは成熟すると腹部が赤くなりますが、ナツアカネにくらべると少し朱色がかっています。また、翅胸も黄褐色で、ほぼ全身が真っ赤になるナツアカネと区別されます。6〜12月に、池や沼、水田、休耕田などで見られ、幼虫は学校プールでも

アキアカネ　柿田川

採集されます。羽化後に未熟な個体は夏に涼しい山地で見られ、9月下旬ころから山を下り、池や沼にもどって産卵します。

湿地や水田のトンボ

湿地はほかにくらべて特殊な環境で、ここに生息するトンボは分布が限られるものが多くいます。湿地の特徴のひとつとして、魚類などの天敵が少ないという利点がありますが、反面、気象条件などによっては乾燥してしまうこともあり、生息条件としてはとてもきびしい場所です。一方、水田は水の有無が人によってコントロールされることから、とても人工的な環境です。水田では、稲作のサイクルに適応できる種類が中心になります。

ナツアカネ 少し小型のアカトンボの仲間でオスは成熟するとほぼ全身真っ赤になります。未熟な成虫は、アキアカネのように長い距離の移動は行わないようです。6月下旬～12月上旬に、しばしば水田近くの人家の庭先などで見られます。もっとも水田に適応したトンボで、秋の稲刈り前後の水田に現れ、連結したまま空中から卵をばらまきます（打空産卵）。

カトリヤンマ ほっそりときゃしゃなヤンマの仲間で、6～11月に、おもに湿地や休耕田、水田などで見られます。うす暗い時間帯に活動することが多く、日中はうす暗い林の中の樹木の下枝などに静止しています。建物の中に侵入したり、灯火に飛来することもあります。

カトリヤンマ　柿田川

キイトトンボ 5月下旬～9月に、おもに湿地で見られる少し太めのイトトンボの仲間です。名前のと

ナツアカネのオス　三島市北沢

キイトトンボの連結　桶ケ谷沼

おり、とくにオスはあざやかなレモンイエローになり、ほかの種と見あやまることはありません。県内の各地に生息地が点在しています。

ネアカヨシヤンマ　成熟すると翅のつけ根が赤色（〜オレンジ色）になり、アシ（ヨシ）などの抽水植物が茂る湿地を好むところから、この名前がつきました。5月下旬〜9月に見られますが、分布は限られ、県内でも確実に見られるところはごくわずかです。

ハッチョウトンボ　浜北森林公園

ネアカヨシヤンマの羽化

ハッチョウトンボ　体長約20mmで、日本でもっとも小さいトンボです。6〜9月に、日当たりがよく、栄養が少なく草丈の短い植物が生育する湿地や休耕田などに見られます。県内での分布は、天竜川以西の西部地域にほぼ限られますが、磐田市桶ケ谷沼でも記録があります。

南方から飛来するトンボ

トンボの中には飛ぶ力が強く、海を渡ってはるばる本州にやってくると考えられる種類があります。静岡県内でよく見られるのは、南西諸島などから飛来していると思われる次の2種で、いずれも県内では定着が確認されていません。

オオギンヤンマ　ギンヤンマを少し長く、黒っぽくしたようなトンボで、ギンヤンマにまざって飛んでいることが多くあります。南西諸島に生息するトンボで、県内では記録数が多い年と少ない年がありますが、1998年には全国各地で例年になく多数記録されました。

オオギンヤンマの連結産卵　柿田川

ハネビロトンボ 後翅の幅が広く、赤褐色の大きな斑点が特徴です。四国南部や九州南部から南西諸島にかけて分布して、県内での記録はこれらの地方からの飛来と考えられます。県内では、おもに海岸ぞいの池や沼で見つかっています。

ハネビロトンボ

絶滅危惧種のトンボ

絶滅危惧種にあげられている中で、2種類紹介します。

ベッコウトンボ 翅の褐色斑紋が特徴で、未熟な成虫は体色がベッコウ色をしていることからこの名がつきました。アシなどの抽水植物が繁茂し、腐植質が堆積した湿地へ変わるような沼に生息します。磐田市桶ケ谷沼が、本州での唯一の分布地で、絶滅が危惧されるトンボです。4月中旬～6月に見ることができます。

ヒヌマイトトンボ ベッコウトンボと同じく絶滅が危惧されるトンボで、県内で現存する分布地は都田川河口だけです。6～9月に、満潮時に海水が入る河口のアシ原に限って生息します。小型で、危険を感知するとアシ原の奥へ逃げこみます。競争相手の少ないこのような環境にだけ生息できると考えられます。

ベッコウトンボのオス　桶ケ谷沼

ヒヌマイトトンボの交尾　細江町

（加須屋　真）

そのほかの昆虫

　ゴキブリは私たちがもっともきらう虫のひとつですが、静岡県で家の中に入って台所をあさる種はふつうはクロゴキブリとチャバネゴキブリで、そのほかに山村部でヤマトゴキブリがいるくらいです。ハチやハエの仲間はとても多くの種類がいますが、わかっている種類はごく一部です。そのほかの昆虫の中にも静岡県を特徴づける種が多く見られます。

ミネトワダカワゲラ　静岡県ではおもに南アルプスの源流部にすんでいるトワダカワゲラの仲間です。トワダカワゲラの仲間は日本に4種と朝鮮半島に1種の5種からなり、カワゲラの中では原始的な特徴をもつことから、「生きている化石」ともいわれます。

ミネトワダカワゲラ

オオゴキブリ　森林内のシイやマツの倒木や立ち枯れた木の中にすみ、朽ちた木部を食物とします。体は大きく頑丈で、脚には鋭いとげがあります。静岡県では低い山地の森林に広く分布しています。

ヒメクロゴキブリ　清水市三保の松原を分布の東限とする、野外性の小型で黒色のゴキブリです。メスは少し茶色く見えます。畑や人家のまわりの生垣に見られ、森林内にもすんでいます。幼虫は黒色で円形に近い体形をしています。

ウスヒラタゴキブリ　海岸ぞいの常緑広葉樹林などの樹葉上にすんでいます。静岡県が分布の東限となっています。淡褐色で少しすけた感じのする小型のゴキブリで、

オオゴキブリ　　　　　ヒメクロゴキブリ 　　ウスヒラタゴキブリ

伊豆半島や久能海岸、大崩海岸などに分布します。

オオカマキリ 大きなカマキリで、林のへりや草地に多く、住宅地でも見られます。よく似たものにチョウセンカマキリがありますが、後翅が黒いことで区別できます。草や低木の茎などにフワフワした感じの卵塊を産みつけます。

オオカマキリ

ヒサゴクサキリ 以前はたいへん珍しいと思われていましたが、生態が判明してからは各地にふつうに分布していることがわかりました。食草はメダケをはじめとしたタケ類で、やわらかい芽の部分を好んで食べます。

ヒサゴクサキリ

アマギササキリモドキ 小形のキリギリス科昆虫です。翅は短く、飛ぶことはできません。静岡県の天城山周辺にのみ分布する固有種です。個体数はとても少なく、生態もまったくわかっていません。

アマギササキリモドキ

マダラカマドウマ 淡褐色の地に黒いまだら模様のある大きなカマドウマで、県下全域にふつうに見られます。森林の中や洞窟にすみ、家屋の中にすむこともありますが、最近の住宅ではほとんど見ることはありません。

マダラカマドウマ

クロツヤコオロギ 4月の終わりころから、「チャリチャリチャリ…」と鳴く、穴居性のコオロギです。生息地は畑や田んぼの土手のようなところで、里山の昆虫といえます。伊豆半島と県西部に生息地がたくさんあります。

クロツヤコオロギ　　ウミコオロギ

ウミコオロギ　玉石からなる海浜と海にせまった崖地からなる海岸にすんでいます。成虫にも翅はまったくなく、細長い脚です早く走ります。夜になると、カニの死骸などを食べに出てきます。静岡県では伊豆半島に広く分布しています。

カケガワフキバッタ　静岡県内の大井川と天竜川にはさまれた低い山地にだけ分布している、小型で翅の小さなバッタです。林のへりや畑わきの草地にすむ里山の昆虫ですが、せまい地域に不連続に分布しているために、さらに分布する場所が少なくなることが心配されます。

トゲヒシバッタ　細長でかたい体をしたヒシバッタで、背面から見て胸の両側に斜めうしろに向かうトゲ状の突出物があり、触角には白色部が目立ちます。湿地や水田などの湿ったところにだけすんでいます。

カケガワフキバッタ　　トゲヒシバッタ

ニホントビナナフシ　全体が緑色で、後翅を開くと淡いピンク色をしていて、飛ぶことのできるナナフシです。触角の先端ちかくに白い節があります。静岡県には7種のナナフシが分布していますが、低地から山地にかけてもっともふつうに見られる翅のあるナナフシです。

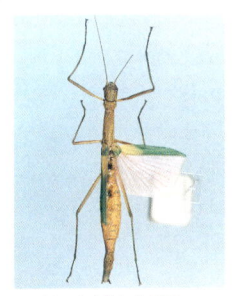

ニホントビナナフシ

コブハサミムシ 山地の低木樹葉上にもっともふつうに見られるハサミムシです。メスは石などの下に巣をかまえ産卵し、卵と幼虫を保育し、最後には自分の体を幼虫にあたえるという特殊な子育てをします。

クギヌキハサミムシ 静岡県を分布の南限とするハサミムシです。県内では富士山の裾野で採集されていますが、湿地を好むとも指摘されていて、くわしい分布はわかっていません。オスの尾端のはさみがくぎ抜きのようになっています。

コブハサミムシ 　クギヌキハサミムシ

ヒメハルゼミ

アカスジキンカメムシ 緑色の地に赤い帯をもつ美しいカメムシです。幼虫で冬を越し、5月下旬ころから成虫となります。多くの植物に寄生し、スギの球果から汁を吸います。静岡県では低い山地に広く分布しています。

アカスジキンカメムシ 　オオキンカメムシ

ヒメハルゼミ シイをはじめとする常緑広葉樹林にすみ、最盛期は7月中下旬です。日没のころにもっともよく鳴き、合唱するため林全体が鳴いているように感じられます。鳴きやむときはピタリ止まり、一瞬に静かになります。

オオキンカメムシ 幼虫はアブラギリという植物の実の汁を吸うために繁殖地が限られています。この大型で美しいカメムシは熱帯アジアに広く分布しますが、本州で最初に発見されたのは静岡市の竜

爪山といわれています。

クサギカメムシ　地味な色彩のカメムシで、成虫がいろいろな果実の汁を吸うため農業害虫とされるほか、越冬成虫は家屋内に侵入し悪臭を放つため不快害虫ともされます。幼虫はスギやヒノキなどの実の汁を吸って育ちます。

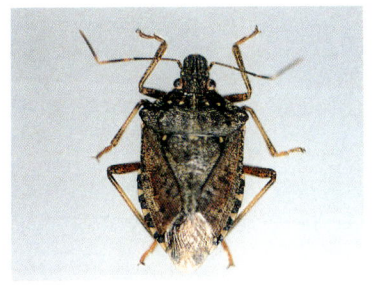

クサギカメムシ

オドリコナガカメムシ　伊豆半島の天城山に固有の種で、個体数もとても少ないカメムシです。あまり大きな昆虫ではなく、色彩も地味なカメムシですが、静岡県を特徴づける昆虫のひとつといえます。

ヒラシマナガカメムシ　黒い体に前翅の黄色紋が目立つ小型のカメムシです。四国から九州以南に分布するとされていましたが、最近静岡県からも発見されました。生息地はシイをはじめとする常緑広葉樹林の林床で、落ち葉の下にすんでいます。

ニホンアカジマウンカ　愛知県名古屋市の大森湿地で発見された小型種で、愛知県以外では愛知県境の静岡県の湿地で最近発見されました。湿地にすむとても珍しいマルウンカ科昆虫です。

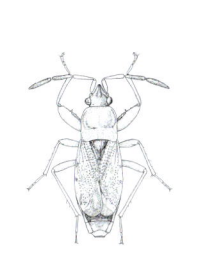

オドリコナガカメムシ © Tomokuni (1955)

ヒラシマナガカメムシ

ニホンアカジマウンカ

キカマキリモドキ　前脚がカマ状でカマキリに似ていることからカマキリモドキという名前がついています。幼虫は歩きまわる性質をしたクモの卵に寄生するとても変わった生態をしています。成虫は灯火によく集まります。

キカマキリモドキ

ウスバカゲロウ　幼虫はアリ地獄としてよく知られている昆虫で、神社などの床下や大木の根もとなどにすり鉢状の巣をつくり、そこに落下した獲物を捕まえて体液を吸いとります。成虫は弱々しくヒラヒラと飛び、灯火にもよく集まります。

ウスバカゲロウ

ツノトンボ　ツノトンボの仲間はトンボに似ていますが、触角が長く先端が丸くふくらんでいることで区別できます。後翅の黄色があざやかなキバネツノトンボも静岡県に生息していたようですが、確かな記録がありません。

モンスズメバチ　一時県内から姿を消したのではないかと心配されていましたが、最近ところどころながら広く分布していることが確認されています。巣はふつう外部からは見えない樹洞や天井裏などにつくられます。

ツノトンボ

モンスズメバチ

オオモンツチバチ　県下全域の海岸ぞいの草地を活発に飛びまわる、黒色で黄色の紋をもった頑丈でかたい体をしたハチです。遠州灘海

オオモンツチバチ

岸や伊豆半島、三保海岸などの砂浜海岸では目立つハチです。コガネムシ科の幼虫に寄生します。

ヤマトシリアゲ オスの発達した腹端が背方に曲がることから、シリアゲムシと名前がついています。翅の先端と中央に黒い帯があり、その模様はいろいろ変化があります。年2回発生し、成虫は弱ったり死んだ昆虫を餌とします。

ヤマトシリアゲ

ハナアブ 幼虫は下水溝などの汚水中にすみ、腐った植物を食べます。長い呼吸管をもった白いウジ状をしていて、水中を漂っています。成虫はいろいろな花の上にふつうに見られ、一見ハチに似ています。似た種には、シマハナアブやオオハナアブなどがあります。

ハナアブ

アカツリアブモドキ 赤さび色で、胸部と腹部が幅広い種です。翅は幅広く暗色不透明で弱々しく、コウモリの翼のような形をしています。四国と九州に分布し、本州では三重県から知られているだけでしたが、静岡県でも伊豆半島で採集されています。

アカツリアブモドキ

ヒゲナガカワトビケラ 幼虫は流水河川の礫床に網巣をつくって生息する大形のトビケラです。成虫は上流へと遡上(そじょう)飛行をすることが知られています。静岡県ではやや大きい河川にはふつうに見られ、ところによってはとても多く生息します。

ヒゲナガカワトビケラ

(石川　均)

淡水の生きもの

　川や湖沼をまとめて陸水域といいますが、これには淡水域ばかりでなく河口のようにいくぶん塩分をふくむ水域も一部にふくまれています。この陸水域にはさまざまな植物や、動物では哺乳類、両生類、爬虫類、魚類、甲殻類、昆虫類、貝類など多くの生きものが生息しています。ここでは、魚類、甲殻類、昆虫類（水生昆虫）および貝類をとりあげます。

富士山の湧水が流れる柿田川　清水町

静岡県の河川と湖沼　静岡県は、日本列島の中央部に位置し東西に広く、また北縁に3,000m級の峰を連ねる南アルプスや富士山の高山地帯があり、南縁は遠州灘や急深な駿河湾など広く太平洋に面していて、さまざまな地形から成り立っています。このような地形にくわえて湿潤な気候のため、静岡県には多くの河川が見られます。その多くは海岸近くまで山地がせまった急流です。一方、湖沼は天竜川や大井川などにある人造湖をのぞくと、天然のものとしては西部地域に海跡湖の浜名湖などがあるほかは、伊豆に火口湖の一碧湖や八丁池、県中部地域に河跡湖の野守の池などがわずかに見られるだけです。

淡水魚類

　淡水魚類とは、川や湖沼の淡水域で見られる魚をいい、静岡県の淡水地域にはおよそ32科110種あまりの魚が生息しています。県内の河川や湖沼の魚類相は、地域ごとにかなり違っています。とくに、純淡水魚は西から東に向かって種類が少なくなっていきます。南北にのびる山塊などの障害があるところでは、そこを境界としてその東側では純淡水魚は急に少なくなります。たとえば、南アルプスの赤石山脈から大井川の西岸にそって牧之原台地から御前崎へと結ぶ線や、天守山脈から富士川の東岸ぞいに駿河湾にいたる線がこれにあたります。これらの線の東西では純淡水魚の種類がかなり違い、この淡水魚類の分布から静岡県をおおまかに西部、中部、東部・伊豆の3つの地域に区分できます。

生活環による区分　淡水魚類には生態的にさまざまなグループがふくまれています。魚が生まれてから死ぬまでの生活環のすべての期間を通じての海への依存度で見ると、大きく3つに分けられます。

純淡水魚　オイカワ、コイ、フナ類やメダカなどのように一生を淡水域だけですごす魚で、これにはイワナやアマゴなどの陸封魚もふくめることができます。純淡水魚には、その地域にむかしから生息していた天然分布魚（在来魚）以外に、近年になって人為的にもちこまれた移殖魚（移入魚）とがあり、これらは明確に区別しなければなりません。

通し回遊魚　ウナギ、アユ、シマヨシノボリなどのように一生のうちに一度は川と海の間を行き来する魚。これはさらに、ウナギやアユカケ（カマキリともいいます）のように幼魚期に海から川に入って川で育ち、成熟すると海におりて海で産卵する**降河回遊魚**と、シロウオのように一生のほとんどを海ですごし、産卵のためだけに川に帰ってくる**溯河回遊魚**、アユやシマヨシノボリ、ヌマチチブなど多くのハゼ科魚類のように川で生まれてすぐに海に下って幼時の一時を海ですごし、再び川に入って川で育ちそこで産卵する**両側回遊魚**に分けられます。

クロヨシノボリ　両側回遊魚で伊豆半島の川に多い　　　　　　　©増田　修

周縁魚 マハゼ、ボラ、スズキやクロダイなど本来は河口近くの汽水域や海で生活し、おもに幼魚期の一時期に川に入る魚です。

周縁魚の多い河口域　菊川河口

純淡水魚の分布　純淡水魚は、通し回遊魚や周縁魚のように海づたいに分布の拡大ができないので、生物地理学的に地域の歴史を知るのにとても重要です。

広域分布の純淡水魚　県下のほぼ全域にわたって分布する純淡水魚としては、アブラハヤ、モツゴ、ギンブナ、ドジョウ、メダカなどがあります。タカハヤ、コイ、シマドジョウや、陸封魚のサケ科魚類のアマゴもかなり広い地域に分布します。西南日本の河川に広く見られるカワムツB型、タモロコ、ハゼ科魚類のカワヨシノボリやオイカワ、カマツカ、ヤリタナゴ、シマドジョウ、アカザなどは、静岡県の西部または中部に分布限界があり、東部や伊豆、中部の一部の地域にはいません。そして前3種では県内での分布の限界が、日本列島での東限にもなっています。ただし、近年はこれらの多くが人為的に移殖されて生息地が拡大し、かつてはいなかった中部や東部・伊豆にも大きく広がっています。とくにオイカワやカマツカなどはアユの種苗放流などによって全国的に分布を拡大しています。

限定分布の純淡水魚　限られた分布域をもつ純淡水魚や陸封魚には、大河川の上流に生息するイワナ、ウグイ（河川型）やカジカ（カジカ河川型）があります。イワナは天竜川と大井川の上流域に見られるだけで、ウグイはこのほか安倍川や狩野川、鮎沢川に、カジカはさらに興津川・富士川・沼川を加えた8水系に生息するだけです。

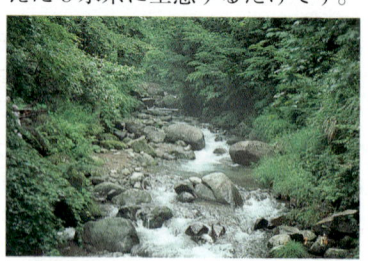

アマゴやカジカがすむ稲子川の上流域

純淡水魚はどこからきたか　静岡県に分布する純淡水魚の大部分は朝鮮半島や中国大陸のものと関連をもち、おもに西方から分布を広げてきたと考えられています。純淡水魚は海との関わりをいっさいもたないので、分布の拡大は川や

表1 静岡県の淡水魚の生活環による区分（板井，1994を改変）

県内に天然分布しない地域があり，そこで移殖による分布が認められる場合は，移殖種の欄にものせ，他と区別するためにカッコで括ってその地域をC（中部），E（東部），I（伊豆）で示してあります。なお，魚種の欄の（河）は河川型，（回）は回遊型，（池）は池沼型。これらの生活環型の名称もカッコ内に略して示しますが，くわしくは本文を見てください。

純淡水魚	純淡水魚	天然分布種	カワムツB、オイカワ、カワバタモロコ、ウグイ（河）、アブラハヤ、タカハヤ、タモロコ、モツゴ、カマツカ、コイ、ギンブナ、ヤリタナゴ、ドジョウ、スジシマドジョウ小型種東海型、ホトケドジョウ、ナガレホトケドジョウ、アカザ、ナマズ、メダカ
		移殖種	（カワムツBCEI）、カワムツA、（オイカワEI）、ハス、ワタカ、ソウギョ、ハクレン、（タモロコEI）、ホンモロコ、カワヒガイ、（カマツカCEI）、イトモロコ、ニゴイ、ズナガニゴイ、（コイI）、キンギョ、キンブナ、ゲンゴロウブナ、タイリクバラタナゴ、アブラボテ、イチモンジタナゴ、（シマドジョウI）、アメリカナマズ、ギギ、（アカザEI）、カダヤシ、グッピー、カムルチー、タウナギ
	陸封魚 I	天然種	スナヤツメ、カワヨシノボリ、カジカ
		移殖種	カワスズメ、チカダイ、オオクチバス、ブルーギル
	陸封魚 II	天然種	ヤマトイワナ、アマゴ、トウヨシノボリ（池）
		移殖種	ワカサギ、ニジマス、ニッコウイワナ、（アマゴ）、ヤマメ
通し回遊魚	両側回遊魚		アユ、イッセンヨウジ、テングヨウジ、ユゴイ、カワアナゴ、オカメハゼ、チチブモドキ、テンジクカワアナゴ、ゴクラクハゼ、シマヨシノボリ、オオヨシノボリ、ルリヨシノボリ、クロヨシノボリ、トウヨシノボリ（回）、チチブ、ヌマチチブ、ウキゴリ、スミウキゴリ、イドミミズハゼ、ボウズハゼ、ウツセミカジカ
	溯河回遊魚	I 型	シロウオ
		II 型	
		III 型	ウグイ（回）
	降河回遊魚		ウナギ、オオウナギ、アユカケ
周縁魚	汽水魚		クルメサヨリ、アベハゼ、ビリンゴ
	広塩性周縁魚		イセゴイ、イシカワシラウオ、カワヨウジ、ガンテンイシヨウジ、ギンガメアジ、ボラ、サツキハゼ、スジハゼ、ヒメハゼ、アカオビシマハゼ、ウロハゼ、マハゼ、アシシロハゼ、チワラスボ、イシガレイ
	偶来魚		コノシロ、サッパ、スズキ、シマイサキ、コトヒキ、ヒイラギ、クロサギ、ダイミョウサギ、クロダイ、キチヌ、ヘダイ、セスジボラ、メナダ、コボラ、タイワンメナダ、ナンヨウボラ、コチ、クサフグ

湖沼の直接的な連絡によってのみ可能です。大陸から西日本に入り、おそらく古い時代に瀬戸内地方に存在したと考えられている湖沼群などの水系間の連絡路を通じて、魚が東方へと分布を拡大していったものと考えられています。

分布拡大のさまたげ 淡水魚類の分布拡大の障害として、急峻な山地と海の存在などが考えられます。淡水魚が分布を拡大してきたころには、静岡県内では南アルプスの赤石山脈が急激に隆起したり、その東側のフォッサマグナ地帯には内陸に深く海が入りこんでいたと考えられています。また、その後には箱根や伊豆、そして富士山などの火山活動や地質変動がさかんにありました。静岡県の西部地域に達した魚が、中部地域から東部地域、さらに伊豆半島へと広がっていくまでに、いくつもの越えることがむずかしい障害が存在したようです。

東部・伊豆の淡水魚類 このように、純淡水魚が静岡県東部や伊豆までたどりつくのはたいへん難しかったのです。一方、静岡県の河川は海に直接流れ出るものが多く、通し回遊魚や周縁魚が分布拡大する上での障害は少ないのです。だからたいていの川に多くの同じ種類の通し回遊魚や周縁魚が生息しています。純淡水魚が少ない東部と伊豆の河川ではむしろこれらの魚の割合が高くなっています。

南方系の淡水魚類 静岡県の沿岸は黒潮の影響を強く受けていて、南西諸島など南方におもな生息地をもつ魚がかなり入りこんでいます。伊豆南部や御前崎付近など、とくに黒潮の影響が大きい地域ではその種数が多くなり、密度も高くなっています。通し回遊魚ではオオウナギのほか、ヨウジウオ類、カワアナゴ類、周縁魚ではユゴイやヒナハゼなどがこういった南方系の魚です。この南方系の魚の存在も静岡県の淡水魚類相を特徴づけるひとつです。

手網にはいったオオウナギ

生息環境と魚類相

　ここでは静岡県にすむ魚について、河口から山地に向かってたどりながら、河口周辺、下流域と小川、下流域〜中流域、中流域、上流域のそれぞれの環境に分けて、そこにすむ淡水魚の仲間を見ていきましょう。

河口周辺の魚　河口は川と海の接点で、河口付近には汽水や海水にすむ魚、あるいは海と川とを行き来する魚が多く、淡水だけにすむ魚はわずかしか見られません。

イシカワシラウオ　体長が約70mmの小さくて透明な魚で、背びれと尾びれの間に脂びれがあります。うろこはメスにはなく、オスも臀びれの基部に1列あるだけです。寿命は1年でそのほとんどを海でくらしますが、一時的に淡水に侵入することもあります。宮城県から和歌山県までの太平洋岸だけに分布する日本の特産種で、静岡県では浜名湖周辺から太田川河口付辺にかけてと大井川河口周辺でわずかに漁獲され、美味のため高値で取り引きされています。

イシカワシラウオ　上：オス　下：メス

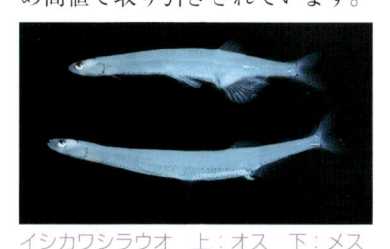

ボラ　沿岸から河口、川の下流域に見られる周縁魚です。春に川に入り、冬には海に下ります。幼魚はとくによく川に入りますが、成長とともに外洋に出ます。成長すると体長が約80cmになります。川に入ってくるボラ類はほかにもありますが、この種は目に脂瞼と呼ばれる半透明のまぶた状のものをもつのが特徴です。セスジボラは名前のとおり背中線上に隆起線があり、浜名湖周辺や伊豆に多く見られます。コボラやメナダなどは前2種にくらべるとずっと少なくなります。ボラ釣りは秋から冬にかけての遠州灘や浜名湖の風物詩のひとつです。県中部や東部・伊豆ではほとんど利用されませんが、西部地域では臭みが抜けて美味となった寒期のものを刺身など

ボラ　川の中には大きなボラはいない

にして利用します。

クロダイ　日本全国の沿岸に広く分布する海水魚で、幼いうちは河口にもよく入ってきます。全長が70cmになるものもあります。成長とともに呼び名が変わる、いわゆる出世魚で、清水市あたりではチンチン、カイズ、クロダイなどと呼ばれます。釣りの好対象魚で、釣りでは胸びれや腹びれ、臀びれの一部が黄色いキヂヌ（キビレ）と呼ばれる魚もまじることがあります。吻がとがらないヘダイも浜名湖周辺などに見られますがまれな魚です。

クロダイ　性転換をし、30cm以上のものは大部分がメス

スズキ　沿岸に広く分布する海水魚で、成長すると1mほどになります。幼いときによく河口に入り、川の下流にもさかのぼります。ボラと同じくセイゴ、フッコあるいはマタカ、スズキなどと名が変わる出世魚です。スポーツフィッシングの対象としてルアー（疑似餌）で釣られるようになりました。

スズキ　シーバスと呼ばれる　©増田 修

コトヒキとシマイサキ　沿岸域に広く分布し、スミヤキなどと呼ばれます。彼岸すぎから稚魚が河口に入ってきますが、コトヒキの方が多いようです。成長して30cm近くになったものは食用となりますが、川の中にいるものはごく小さいものばかりです。

コトヒキ　縦条は下方にわん曲する

シマイサキ　縦条はまっすぐにはしる

クサフグ 沿岸に広く分布する海水魚で、川の中に入る唯一のフグです。背部は深緑色で小さい白点が散在し、胸びれ近くにある黒色斑紋は白いふちどりがないので、ほかのフグと区別できます。全身に毒があるのでほとんど食用とはされていません。

クサフグ　釣りの外道（げどう）の代表

ミミズハゼ 河口近くに多い小型のハゼ科魚類で、沿岸域から川の下流域にかけて広く分布します。大きな川にも小さな川にも生息していますが、砂地の礫（れき）の下などにひそんでいるので、気づかれません。満潮時に海水が浸入してくるいわゆる感潮域とそのすぐ上流の淡水域、あるいは完全に海水となった磯の礫の下に見られます。おもにユスリカなどの底生の昆虫類を食べています。ハゼのことをボチという伊豆半島南部では、この魚をウナギボチと呼びます。

ヒナハゼ 河口や川の下流の汽水にすむハゼ科魚類です。静岡県下に広く分布しますが、御前崎周辺や伊豆半島南部などにはとくに多く見られます。全長が約5cmのごく小型の魚で、やや太短い体形をしています。川の深みの泥底をすみかとするので、水質汚濁の影響を受けやすく、実際に西伊豆の宇久須川近くの水路では川の汚れで全滅しました。**アベハゼ**は頭部や尾部の暗色の模様が特徴的なハゼで、ヒナハゼと同じところにす

ミミズハゼ　胸びれに離れた軟条があり、体色はさまざま

ヒナハゼ　体側に黒色小斑点がならぶ
©内山りゅう

アベハゼ　水質の汚れにかなり強い

みますが、浅い場所に多く見られます。

マハゼ　静岡県下に広く分布するかなり大形になる汽水性ないし海水性のハゼ科魚類です。全長が25cmを超えるものもありますが、ふつうは20cm未満です。晩春から秋にかけて川の中で生活し、水温が低くなるにしたがい川の下流に集まり、冬になると海に下ります。1年で成熟し繁殖を終えると、ほとんどが死んでしまいます。釣りの好対象魚で、秋の彼岸ごろが最盛期です。**アシシロハゼ**はマハゼに似たやや小型の魚で、同じような場所で見られます。

マハゼ　冬に大きくなる

アシシロハゼ　夏に大きくなる

ウロハゼ　マハゼよりはやや大きく、河口近くにすみます。浜名湖では夏ハゼと呼ばれ、彼岸前のハゼ釣りで外道としてよくかかります。夏に繁殖し、メスの卵巣はあざやかな黄色です。**ヒメハゼ**も河口近くにいるマハゼにやや似た小型のハゼで、やはりハゼ釣りの外道としてよく釣れます。

下あごがつき出て受け口となっているウロハゼ

ヒメハゼ　腹びれの吸盤は黒い

ビリンゴ　5cmほどにしかならない小型のハゼで、分布域はせまく、浜名湖周辺や伊豆半島南部の一部の川の河口部に限られます。

ビリンゴ　群れて中層に浮かぶことが多い
©増田 修

下流域と小川の魚　平野や盆地部には、川の下流域や水田まわりの小川などゆるやかな流れが見られ、ここに多くの純淡水魚がすんでいます。しかし、河川整備や湿地の開拓などのために生息地を失い、絶滅の危機にさらされている魚も少なくありません。

タナゴの仲間　日本には15種類のタナゴがいますが、静岡県下では在来種のヤリタナゴと、国内産移入種と考えられるアブラボテ、中国から移入されたタイリクバラタナゴの3種だけが見られます。タナゴの仲間は、シジミの仲間をのぞいた淡水産二枚貝のえらに卵を産みつけます。また、種類によっては、ある特定の種類の二枚貝を選ぶものもあります。タナゴ類の分布はその産卵生態と深く関係していて、二枚貝がすんでいないところではすむことができません。近年、二枚貝の生息地が減り、タナゴ類の生息地は減少しています。

ヤリタナゴ　北海道と沖縄県をのぞき日本全国で見られますが、静岡県では西部地域のごく一部にしか見られません。この魚はイシガイやマッカサガイといった小型の二枚貝に産卵します。イシガイとマッカサガイの県下での分布が西部地域に限られていて、本種の分布も西部に限られているのです。

アブラボテ　ヤリタナゴとよく似た体形ですが体色がオリーブ色をしています。西部地域のごく一部に見られます。

アブラボテのオス　吻の先には追星（おいぼし）がでている

タイリクバラタナゴ　中国から移入され、今では沖縄県をのぞいた日本全国に分布しています。静岡

婚姻色が美しいヤリタナゴ

ドブガイに産卵するタイリクバラタナゴ

県下でも二枚貝類の生息する環境では、ほぼ全域で見られます。この種はドブガイやカラスガイといった大型の二枚貝類に産卵します。
スジシマドジョウ小型種　全長が6cm未満の小型のシマドジョウで、浜名湖へ流入する河川から太田川にかけての県西部地域に分布します。川の中流域下部〜下流域上部にすみ、細砂底の砂の中に潜っています。この魚は地理的にいくつかの型に分けられていて、静岡県に分布するものは東海型とされています。また、伊豆の狩野川には、本来琵琶湖周辺に限って分布するスジシマドジョウ大型種が入りこんでいます。

スジシマドジョウ小型種　体側の斑点列はオスでは縦条となる

ドジョウ　淡水魚類のうちギンブナなどとともにもっとも生息域が広い魚のひとつで、川の下流域や小川、池や沼などにすんでいます。県下では水を入れたばかりの水田などで産卵します。体の表面に粘液が多くてぬるぬるしていますが、細かいうろこをもっています。朝鮮半島などにすむカラドジョウも静岡県の各地で見つかりはじめています。

ドジョウ　口ひげは10本ある

スナヤツメ　生息地は安倍川以西の静岡県中部〜西部地域に点々と見られます。口にはあごがなく、真正の魚類ではありません。幼生はアンモシーテスと呼ばれ、眼は皮膚の下にあります。おもにやわらかい砂泥底で生活し、その中の有機物をじょうご状の口で食べます。変態して成体になると眼が現れ、眼につづいて7対のえら穴があるのでヤツメと呼ばれます。成体の吸盤状の口器は摂食器官ではなく、単なる付着器官であり、何も食べないまま春に繁殖に入り、そのまま死んでしまいます。

スナヤツメ　石に吸いついている成体

スナヤツメの幼生　眼が未発達で泥中でくらす

カワバタモロコ　繁殖期のオスが美しい黄金色であることから、キンモロコやキンタなどと呼ばれる魚です。全長が5cmしかない小型のコイ科魚類で、太った体形と体のわりには大きな眼が目立ちます。日本特産種で、かつては北九州から静岡県の志太平野（藤枝

群れをつくるカワバタモロコ

市〜焼津市）までの田園地帯の小川や池で群れ泳ぐ姿が広く見られましたが、今では生息地が減少し、レッドリストでは絶滅危惧IB類に指定されました。県内では瀬戸川水系や太田川水系などの一部に見られるだけとなりました。小川がコンクリートによって固められたことや家庭排水によって汚染されたことが、この魚がすめなくな

った原因と考えられます。

カワバタモロコの産卵　メスを追うオス

タモロコ　全長10cmほどのコイ科魚類です。小川や池に群れて泳ぐ小魚をひとまとめにモロコということがありますが、よく観察するとどの種類も個性的です。この魚の一番の特徴は口ひげがあることです。また、側線と平行した黒い縦条と尾びれの基部の黒点が目立ちます。自然分布はカワバタモロコと同じく、志太平野が東限とされていますが、安倍川など多くの河川に移入しています。ただし、沼津地域や遠く関東平野にいるものが本当に移入したものかどうかは疑いも残されています。また静岡県の西部地域にはイトモロコな

タモロコ　産卵行動をするつがい

どのモロコ類も移入しています。

モツゴ 関東地方ではたいていクチボソといいますが、県内ではモロコと呼びます。全長約8cmの小魚で、タモロコに似ていますが口ひげはありません。下あごがせり出して口が上面に開き、水面に落ちたユスリカなどをピチャピチャと音をたてて食べることがあります。石の表面や草の茎に産卵し、オスが卵を守ります。農業用のため池などで大繁殖し、ペットボトルでつくったセルビン（コウロン）などで簡単に捕獲できます。

モツゴ　卵を守るオス

メダカ 日本を代表する淡水魚ですが、各地で急激にその数を減らし、レッドリストの絶滅危惧Ⅱ類に指定されています。県内の中部や東部では絶えてしまった地域が続出し、珍しい魚になっています。英名でライスフィッシュと呼ばれるように、田んぼがふるさとです。日本にいる淡水魚の中でもっとも小さい魚のひとつですが、大きな群れをつくることがよく知られています。表層を泳ぎ、プランクトンなどを食べますが、表面に落下した昆虫も食べます。繁殖は春〜夏で、メスは肛門付近に卵をつけたまましばらく泳いだあと、水草などに付着させます。メダカに似たカダヤシやグッピーなども静岡県の各地で見つかっていますが、これらは卵を産まない卵胎生の外来魚です。

メダカのオス　背びれや臀びれが大きい

卵をつけたメダカのメス

ギンブナ 平野部の河川や小川、池、沼に広くすみますが、伊豆地域では生息する川は多くありません。高い体高をもちますが、琵琶湖産のゲンゴロウブナの改良種で釣り魚として放流される**ヘラブナ**ほどではありません。釣り魚としては、ヘラブナに対してマブナと呼ばれています。かつてはこの小形のものを甘露煮などに利用しました。浜名湖周辺の河川などには

オオキンブナと思われる体色が金色のフナが見られますが、くわしく調べられていません。天竜川や

ギンブナ

大井川のダム湖にはゲンゴロウブナ（ヘラブナ）とギンブナがよく放流されています。これらのダム湖のいくつかには**ワカサギ**も放流されています。ワカサギはアユと同じキュウリウオ科に属し、寿命は1年で春に産卵して死ぬので、釣りはおもに寒期に行われます。

コイ 食用魚として重要で、古くから河川や池、沼に移殖されてきた魚です。静岡県に広く分布し、分布範囲はギンブナとほぼ同じですが、この多くが移殖によるものと思われます。野生のものは横断面が楕円形で、口もとには2対のひげがあります。**ニゴイ**はコイに似た魚ですが、国内産移入種で静岡県には天竜川、太田川など西部地域の河川のほか大井川、狩野川などにいます。この魚のもとをたどると長野県の諏訪湖に行きつき、この湖に移殖されたものが天竜川を下り、さらに天竜川のダムをもととする農業用水路やさらなる移殖によって広がったと考えられています。また、安倍川にはニゴイ

ゲンゴロウブナの改良品種のヘラブナ

コイ

ワカサギ　群れで行動する　©内山りゅう

ニゴイ　アユ釣りのじゃまものとしても嫌われている　©内山りゅう

ズナガニゴイ　体側や背びれと尾びれに小斑点がある

ナマズ

カムルチー

オオクチバス（ブラックバス）　名のとおり口が大きい

ブルーギル　オオクチバスと共存するが、在来種はいなくなることが多い

に近縁の**ズナガニゴイ**が入りこみすみついています。

ナマズ　全長60cmほどになり、口もとに2対のひげがあります。静岡県の平野部に広く分布しますが、伊豆半島には狩野川をのぞき生息しないようです。おもに池や沼、川の下流域にすみ、水草や石のかげなどにひそみ、夜間に活動して魚やエビなどを食べます。梅雨のころに水田や水草のあるよどみで産卵します。ナマズと同じようなところにすむ「雷魚」と呼ばれる魚は、中国大陸原産の**カムルチー**で、カエルに似せた疑似餌での釣りがはやっています。なお、ルアー釣りの対象としてとくに親しまれている魚に、**オオクチバス（ブラックバス）**があります。**ブルーギル**とともに北アメリカ原産の外来魚で、日本の在来魚の生息をおびやかしています。静岡県ではこれらの放流は規則できびしく制限されています。

下流域～中流域の魚　川の下流域～中流域にすむ魚には川と海とを行き来する魚がたくさん見られ、もっとも多いのがハゼの仲間です。

ウナギ　静岡県に広く分布しています。産卵を海で行う降河回遊魚で、12～4月ごろ黒潮にのって接岸した幼魚がシラスウナギとなって川をさかのぼります。川に入ったウナギは河川の下流域～上流域、湖沼などに広く生息し、おもに夜間に活動して魚やエビ・カニ類を食べて生活します。成長したウナギは産卵のため秋に海に下ります。南方系の魚で体側に不規則な暗色の模様がある**オオウナギ**も静岡県に広く分布していますが、生息数は多くないようです。

ウナギ

オオウナギの若魚　©内山りゅう

シロウオ　静岡県では駿河湾の富士川以西の河川でおもに見られ、早春に産卵のために川の下流域に上ってきます。川で生まれてすぐに海に下り、沿岸域で成長したのち、翌年の早春に再び川をさかのぼります。シロウオは、流れがおだやかで底質が砂礫(されき)の場所でこぶしほどの石の下面に産卵室をつくりますが、川水の汚れなどで産卵適地が少なくなり、数も減少しています。かつては「清水のシロウオに由比のサクラエビ」といわれ、清水市では東海道の名物となったほどでしたが、今では資源量の減少で、漁獲の対象になりません。

シロウオのメス　すきとおった体の腹部に黒点列が見える

卵を守るシロウオのオス

イッセンヨウジ・テングヨウジ　静岡県の河川でよく見られるヨウジウオとしてはこの2種類がいます。いずれも南方系の魚で、黒潮の影響の強い河川の下流域で見ら

れます。タツノオトシゴなどとともにヨウジウオ科に属し、産卵は川で行われるので両側回遊魚とされる魚です。受精卵はオスが育児嚢で保護します。イッセンヨウジはテングヨウジほど吻が長くなく、吻端からえらぶたまで一条の黒線があることで区別できます。

イッセンヨウジ　　　©内山りゅう

テングヨウジのオス

カワアナゴ類　静岡県には**カワアナゴ**、**チチブモドキ**、オカメハゼ、テンジクカワアナゴという4種類の両側回遊性のカワアナゴ類が見られます。カワアナゴ類はハゼ科魚類の中では腹びれが吸盤となっていないのが特徴です。カワアナゴはこのうちもっとも大きくなり、全長25cmを超えるものも見られます。川の下流域にすみ、おもに夜間に活動して小魚や甲殻類などの動物を食べて生活しています。カワアナゴ類の種類は、正確には頭部の側面の感覚器（孔器）列によって区別します。

カワアナゴ　興奮すると体側が黒くなる

チチブモドキ　カワアナゴにくらべると太短い　　©内山りゅう

ゴクラクハゼ　川の下流域から汽水域に多く見られます。ヨシノボリ属の中ではもっとも大きく、全長が約10cmになります。ほおに複雑な暗色の模様があり、体側中央部に5〜6個の黒色斑点が見られますが、生きているときはるり色の斑点が鮮やかで黒色斑点はあまり目立ちません。静岡県の全域に分布していますが、すべての川に生息しているわけではなく、生息河川はかなり限られています。

ゴクラクハゼ　　　©内山りゅう

シマヨシノボリ　数種ある両側回遊性のヨシノボリ類のうち、静岡県に広く分布し、各地でもっともふつうに見られるほおに細いミミズ状の模様があるヨシノボリです。カジカやカンジーなどと呼ばれますが、カジカ類ではなく、腹びれが吸盤状になったハゼ類に属します。川の下流域〜中流域のおもに瀬にすみ、ほかのヨシノボリ類がいないところでは上流域にも進出します。オスの方が大きく、全長約7cmになります。川底の底生動物や付着藻類を食べて生活します。晩春に繁殖し、石のうらに産みつけられた卵をオスが守ります。孵化した仔魚はいったん海へ下り、7月ごろから全長15〜20mmになった未成魚が川をさかのぼります。魚は小さいので佃煮にして食されることが多く、とくに溯上中の未成魚がノボリカジカやイサザと呼ばれて捕獲され利用されます。

シマヨシノボリ

トウヨシノボリ　ほほに複雑な斑紋はなく、オスは尾びれの基部の背側に鮮やかな橙色の斑紋をもっています。静岡県西部地域に多く分布し、とくに浜名湖や佐鳴湖に流れこむ川に多く、天竜川にも見られます。東部地域の狩野川にも見られますが、これは移殖によるものではないかと疑われています。また、掛川市周辺のため池や静岡市の鯨ケ池と麻機沼、その流出河川などに、尾びれに橙色の斑紋をもたない小型のヨシノボリが見られます。これは**トウヨシノボリ池沼型**として区別されます。

トウヨシノボリ

トウヨシノボリ池沼型　©杉浦正義

ヌマチチブ　静岡県に広く分布する通し回遊魚で、シマヨシノボリとともに川の中流域〜下流域に見られ、おもに淵に生息します。雑食で付着藻類を多く食べます。**チチブ**は浜名湖に流入する川や伊豆半島の狩野川や那賀川、青野川などの下流域が発達した川の河口〜下流域に限って見られ、ヌマチチブより下流側に生息します。たが

いによく似ていますが、ヌマチブの胸びれ基部には黄土色の横帯の中に赤橙色の線があるので区別できます。

ヌマチチブ

チチブ　オスの第1背びれのとげの先が糸状にのびる　　　　　　©内山りゅう

スミウキゴリ　静岡県に広く分布する通し回遊性のハゼ科魚類のひとつで、全長が約12cmになります。淵の川岸部にすみ、未成魚はよどみの中層に群れて浮かんでいます。肉食性で、小魚や水生昆虫

スミウキゴリ

などのほか、陸生の昆虫やミミズなども食べます。死亡した個体は口を開けていることが多く、舌の先端がへこんでいます。

ウキゴリ　スミウキゴリよりはやや小さく、全長が約9cmで、第1背びれの後端にはっきりした黒色斑紋があることで区別できます。

ウキゴリ

ウツセミカジカ　川の中流域～下流域で生活するカジカ科の両側回遊魚です。浜名湖へ流入する河川から伊東市の大川にかけての静岡県の東西に広く分布しています。ただし、大須賀町の弁財天川から清水市の巴川の間では今のところ見つかっていません。全長約20cmになり、体側にはうろこがまったく見られません。礫底の大きな石などのかげにひそみ、水生昆虫などを食べて生活しています。近年、生息場所が荒れたため数が減り、絶滅のおそれがある魚としてリストアップされました。

ウツセミカジカ　カジカ小卵型といわれてきたもの　　　　　　©内山りゅう

中流域の魚　川が山地から平地に流れ出ると、川はゆったりと蛇行します。蛇行した川の外側には大きな淵があり、その直前に大きな石礫からなる早瀬があります。中流域の早瀬には藻が多く生育し、それを食べる水生昆虫などの底生動物の生息場所も多様なので、魚の食物資源は下流にくらべはるかに豊かです。静岡県には海岸近くまで山地がせまっているところが多く、川が中流域の景観のまま海に流れ出ている場合も多くあります。

アユ　日本列島に広く分布する通し回遊魚です。早春に全長約6cmの若魚となって海から川に入ってきます。夏の間、川底の石についた珪藻（けいそう）などを食べて成長し、よく育てば、全長約30cmになります。成長したアユは流れの早い瀬でなわばりをもち、自分のなわばりに侵入してくるアユを追いはらいます。友釣りはこの習性を利用した釣りです。アユの体形は流線形で、オリーブ色の体色に胸びれ後部にある黄色の斑紋があざやかです。背びれと尾びれの間に肉質の脂びれがあります。アユは秋には下流に下り、小さな砂利の底質のところで集団で繁殖行動を行い、繁殖を終えると死んでしまいます。寿命は1年で年魚（ねんぎょ）ともいわれます。静岡県のほぼすべての川にのぼりますが、大井川や天竜川などダムでせき止められた川の上流へは、漁業協同組合などによって放流されています。放流されるアユには琵琶湖でとれたものや人工授精で育てたものも用いられていますが、アユの遺伝子汚染や非在来魚の移入などの問題が生じています。

アユ　大きな口の唇にくし状の歯が並ぶ

なわばり行動をするアユ　©内山りゅう

ボウズハゼ　関東地方〜琉球列島にかけての黒潮のあたる地域に分布する南方系のハゼです。全長約12cmになり、前頭部（ぜんとうぶ）から吻まで肥厚しているのでこの名前があります。腹びれにある吸盤の吸着力はとても強く、川の中流部の流れの速い瀬にすんで、吻を突きだして石の表面についた藻類をこそぎとって食べて生活しています。

ボウズハゼ　アユの友釣りにかかる

オイカワ　コイ科の純淡水魚です。関東地方以西がこの魚の天然分布域とされていますが、静岡県では富士川より東側には天然分布域がないようです。現在では東部地域や伊豆地域の多くの河川にも入りこんでいますが、琵琶湖産のアユを放流したときに混入したものと思われます。オスとメスは形がかなり違い、またオスは大きくなり全長15cmを超えるものもあります。繁殖期にオスはあざやかな婚姻色（いろど）に彩られ体側は緑や赤の模様となりますが、メスはほぼ一様な銀白色をしています。おもに瀬にすみ、藻類や水生昆虫などを雑食します。メスをハヤと呼び、婚姻色の出たオスをジンジッパヤとかネギバヤと呼んで区別しています。

オイカワ　右：オス　左：メス

アブラハヤ　静岡県の河川に広く分布するコイ科の純淡水魚ですが、都田川をのぞく浜名湖に流入する河川や牧之原台地周辺の河川にはいません。最近、菊川で見つかりましたが、これは大井川から近年に入りこんだようです。川の上流域〜下流域に広く分布し、付着藻類や水生昆虫などを雑食しています。全長約15cmになります。

アブラハヤ　　　　　　©増田 修

ウグイ　コイ科の魚で、川の中流域〜下流域にすむ溯河回遊性のもの（回遊型）と、川の上流域〜中流域にすむ純淡水性のもの（河川型）があります。回遊型は全長約40cmと大きくなります。この型のものは静岡県のほぼ全沿岸域に分布しますが、あまり小さな川には入りません。またこれらは海から上ってくる時期に応じてサクラウグイやフジハナなどと呼ばれます。河川型は全長約30cmで、分布はとくに大きな河川に限られ、天竜川や大井川、安倍川、富士川、狩野川、鮎沢川の6河川に見られます。最近では菊川でも見られる

ようになりましたが、これは大井川から移りすんだようです。

回遊型のウグイ　マルタとも呼ばれる
©内山りゅう

アユカケ　カジカ科の魚で、同じ科に属するウツセミカジカと混生しますが、これより少し上流の中流域におもにすんでいます。海で産卵する降河回遊魚で、幼魚は初春に川を上ります。川では、小さいうちは水生昆虫などを食べますが、大きくなると魚とくにアユをよく食べます。このためアユの友釣りでかかることもあります。頭部が大きいことが特徴で、幼いときはとくに目立ちますが、成長とともに目立たなくなります。近年では数が急に減り、体も小さくなっています。

アユカケ　カマキリともいい、静止していると石と見分けにくい　©内山りゅう

カマツカ　伊豆半島南部をのぞいて静岡県に広く分布しますが、本来の分布はカワムツB型と同じく浜岡町の新野川以西と考えられています。口ひげが1対あり、口は頭部の下面に開きます。中流域～下流域の砂礫底にすみ、砂に潜って目だけを出しています。全長20cmを超えるものもあります。

カマツカ　餌を砂ごと吸い込み、砂はえら穴からはきだす　©内山りゅう

シマドジョウ　体色は肌色で、体側に暗色の斑点があり、カワドジョウあるいはカワラドジョウなどと呼んでふつうのドジョウと区別しています。川の本流など大きな流れの砂礫底で多く見られます。静岡県での分布はほぼ全域におよびますが、狩野川など伊豆半島の川には本来は分布せず、近年に入りこみました。西部地域では太田川などの川には多いのですが、天竜川にはごく少ないようです。

シマドジョウ　ほとんど砂に潜っている

上流域の魚　上流域は山間を流れる渓流です。流れは急で、源流近くでは瀬から淵へ滝のように流れ落ちるようになります。水は清くすみ、冷たい。このような環境にすむ魚の種類は多くはありませんが、環境条件によく適応したものばかりです。イワナやアマゴなどのサケ科魚類はその代表です。とくにイワナは大河川の標高の高い源流域に限って生息します。

カワムツB型　カワムツはコイ科の純淡水魚で、A型とB型という2つの型があります。A型はうろこが細かく、胸びれと腹びれの前部が赤みをおびていてB型と区別されます。静岡県にはこの両方の型が分布しますが、在来のものはB型だけで、浜岡町の新野川以西に天然分布します。A型は濃尾平野以西の平野部に天然分布するとされています。ともに近年は移殖により分布が広がっています。

婚姻色のカワムツB型オス　Ⓒ増田　修

カワムツA型　Ⓒ増田　修

タカハヤ　アブラハヤによく似たコイ科の渓流にすむ純淡水魚ですが、標高の高い山地にはあまり見られません。静岡県内に広く分布しますが、浜名湖に流入する河川、伊豆南部をのぞく東部・伊豆地域の河川にはいません。全長約13cmになり、渓流の淵や川岸で水生昆虫や付着藻類などを雑食して生活します。アブラハヤとくらべてうろこが大きく、数が少ないこと、尾柄が太く短いこと、体側に広く暗色の小さな斑点が散在することなどの違いがあります。

タカハヤ

アカザ　静岡県中部の瀬戸川以西に天然分布し、中流域の大きな石の下にひそんで、おもに夜間に活動します。水生昆虫などを食べ、成長すると全長約11cmになります。つかまえて握るとひれの棘に

ささされることがあり、かなり痛いので、サソリやカワバチとも呼ばれます。天竜川や狩野川、田貫湖には近畿地方以西に天然分布がある**ギギ**が入りこんでいます。

アカザ

ギギ

ホトケドジョウ　ドジョウより体が短く、全長約6cmの円筒状の魚です。4対ある口ひげのうち1対が鼻孔から出ています。日本の固有種で、伊豆半島南部や高山地帯をのぞいて静岡県の丘陵地や平地に点々と生息地が残っています。山からしみ出した水を集めた小川や湧水河川を生息地としますが、近年開発や圃場整備が進み生息地が失われたために、レッドリストにのせられています。また最近、静岡県の西部には**ナガレホトケドジョウ**が生息していることがわかりました。ひれに斑点がほとんどないこと、口ひげやひれが長いことなどでホトケドジョウと区別できます。ナガレホトケドジョウはホトケドジョウより分布域がいっそう局地的で、やはりレッドリストにのせられています。

ホトケドジョウ　静岡・清水地域では絶滅寸前　©飯塚久志

ナガレホトケドジョウ　ホトケドジョウより少し細長い　©増田 修

カワヨシノボリ　全長約6cmのハゼで、ほおに暗色の斑点が散在し、オスの尾びれの基部にはトウヨシノボリと同じく橙色の斑紋があります。富士川を東限として、それ以西の日本列島に分布しています。川の中流域〜上流域の少し流れのゆるいところで、水生昆虫

などを食べて生活しています。ほかのハゼとちがって、この魚の孵化仔魚は海に下らず、川の中だけで一生をおくります。関西ではゴリと呼ばれ、魚を石ごと網に追う荒っぽい漁法から「ごり押し」の言葉ができました。

カワヨシノボリのオス　©内山りゅう

オオヨシノボリ　日本全国に広く分布します。静岡県では富士川以西に多く見られ、伊豆半島などではごくまれです。上流域の早瀬や淵頭などの急流にすみます。孵化仔魚は海に下り、一生のうちに川を上下に大きく移動します。ダムの垂直な壁面を上っているのもよく目撃されます。全長10cmとヨシノボリ類ではもっとも大きくなり、胸びれの基部にある菱形の黒色斑紋と尾びれの基部にある縦長の黒色斑紋が特徴です。また、伊豆半島や庵原地域の河川の上流域には**ルリヨシノボリ**が見られます。オオヨシノボリとほぼ同じ大きさで、ほおと体側にあざやかなるり色の斑点が散在し、尾びれには太い八字状の黒色紋があります。すむ場所はオオヨシノボリとほぼ同じで、庵原地域の河川の上流域の瀬では、両者が混生しています。伊豆半島にはこのほかに**クロヨシノボリ**もいます。この魚の体側の紋様はカワヨシノボリに似ていますが、尾びれの基部に細い八字状の黒斑があり、また目の下に一条のあざやかなるり色の線があります。ルリヨシノボリはおもに急流

オオヨシノボリのオス

ルリヨシノボリのメス　©増田　修

クロヨシノボリのオス　©増田　修

102

にすみますが、クロヨシノボリは淵などの流れがゆるいところにすみます。

カジカ　カジカ科の純淡水魚で、全長約15cmになります。日本の固有種で本州以南に広く分布します。静岡県では天竜川や大井川、安倍川、興津川、富士川、沼川、狩野川、鮎沢川の大中河川8水系にだけすんでいます。上流域の礫底にすみ、水生昆虫などを食べ生活しています。大きな卵を産み、発育段階が進んだ状態で生まれるので、孵化仔魚は海に下りません。この魚はかつてカジカ河川型ないし大卵型と呼ばれ、下流にいてカジカ回遊型ないし小卵型と呼ばれたウツセミカジカと区別されていました。大井川や安倍川では河床が荒れ、カジカの生息適地がごく少なくなり、絶滅が心配されています。

カジカ　うろこはない　©内山りゅう

アマゴ　小河川をのぞき静岡県のほぼ全域の河川に分布します。上流域の冷水域にすみ、水生昆虫などを食べています。体側にはパーマークというサケマス類の幼魚のしるしである暗色で楕円形の斑紋と朱紅点があります。ほとんどの個体は川で一生をすごしますが、海にあるいは湖沼に下ってサツキマスとなるものがあります。静岡県の東部と中部ではヤマメ、西部ではアメやアメノウオと呼ばれて

アマゴ　降海するとサツキマスになる

ヤマメ　降海するとサクラマスになる

ニジマス　©内山りゅう

います。釣りの対象魚として、食用としてとくに好まれています。神奈川県以東には別亜種で朱紅点のないヤマメが生息し、狩野川や安倍川などにも移殖されています。また、富士宮市周辺では豊富な湧水を利用してニジマスの養殖がさかんに行われていて、遊漁魚として多くの河川に放流されています。

イワナ 大きな水系の源流部の冷水中にすみ、水生昆虫や陸生昆虫、小動物をとらえて食べて生活しています。大きくなると、全長30cmを超えます。静岡県内では天竜川と大井川に天然分布します。これらの川に以前からいたものは**ヤマトイワナ**と呼ばれる体側に橙色の斑点がはっきりとある型の魚です。しかし、これらの川には体側背部にまで白色斑点がある**ニッコウイワナ**が釣り人や漁協によって移殖され、交雑などもあって在来のものの純系はほとんど見られなくなりました。現在、ニッコウイワナは、以前にはイワナがいなかった狩野川や興津川、安倍川などにも移殖されて分布域を広げています。イワナに限ることではありませんが、移殖の影響などについてきちんと研究しないで魚を放流することはいけないことです。きびしくいいますと、このような放流は「自然のためによかれと思って行う愚行」のひとつなのです。
（板井隆彦・山田辰美・秋山信彦）

ヤマトイワナと思われるイワナ
©安藤晴康

ニッコウイワナと思われるイワナ
©増田　修

甲殻類

　サワガニやザリガニといった甲殻類は一生を淡水中で生活します。そのために子どもは親と同じような形で生まれ、生活形態も親とほぼ同じです。しかし、これらを除くと淡水で生活する甲殻類の多くは、浮遊幼生で生まれて川を下り海に入って、河口域や沿岸域でしばらくの間、浮遊生活をします。やがて浮遊幼生は、親と同じように歩脚を使う底棲生活をするために変態します。そのころになると、それまで生活していた海水や、海水と淡水がまじりあう場所から、淡水の場所へと移動しはじめます。

サワガニ　本州で見られるカニの仲間のうち、一生を淡水中でおくる唯一の種です。稚ガニは親と同じ形で孵化し、孵化後もしばらくの間、メスの腹部にくっついてすごします。静岡県では山間部の湧水がある沢や水路で見られます。昼間は石など障害物の下に身をひそめていて、夜になると出てきて餌をとります。色彩はさまざまで、殻が赤褐色ではさみや脚が赤い個体、殻が淡青色ではさみや脚が白い、全体が赤褐色や茶褐色のものなどが知られています。同じ地域ではこれら色彩の違った個体を見ることはできず、1種類に限られます。

サワガニ　淡青色のタイプ

伊豆半島では殻の色が淡青色と赤褐色のものが多く、そのほかの地域でははさみが赤い個体と全体が赤褐色の個体が多いようです。

モクズガニ　全国各地で見られる淡水生活をするカニの仲間です。はさみ脚に多数の毛がはえているのが特徴で、ズガニやケガニと呼ぶ地方もあります。サワガニのように水の中から出ることはあまりありません。親ガニは夏から秋にかけて河川の中流域〜上流域にすんでいますが、晩秋になると河川を下って河口域や沿岸域に出て、早春に産卵します。産卵してから卵が孵化するまでの約20日間、メ

サワガニ　赤褐色のタイプ

ス親は卵を腹部に抱いています。卵が孵化するとすぐに次の卵を産み、1シーズンに約20日間の周期で3～5回産卵します。孵化した幼生は沿岸域で生活し、稚ガニに変態すると河川を上っていきます。

モクズガニ　はさみ脚に毛の房がある

クロベンケイガニ　静岡県の海岸沿いの地域にふつうに見られ、陸上から水中の石の下などあらゆるところにいます。また、沢沿いの湿り気のある場所に穴を掘って昼間はその中ですごし、夜間に穴から陸上に出てきます。海岸近くの水田や民家のまわりの湿ったところでも見かけます。近縁種に全身が橙色のベンケイガニや、はさみが赤いアカテガニがいます。

クロベンケイガニ

テナガエビの仲間　テナガエビの仲間は5対ある歩脚のうち、1番目と2番目の脚がはさみ脚となっていて、オスの2番目のはさみ脚がとくに大きいのが特徴です。淡水の川や池、湖などで見られます。日本に分布するテナガエビ類は13種いますが、静岡県で繁殖が確認されているものは3種類です。

テナガエビ　おもに下流域～河口域、湖沼に広く生息します。淡水だけでなく、塩分をふくむ水域でも見ることができます。親エビは4～7月に産卵し、産卵と同時にメスは卵を腹節にある腹肢に連結卵柄によって付着させます。卵は20日前後で孵化し、ゾエア幼生となります。この幼生が生存するためには水中に塩分が必要とされますが、純淡水の環境でも幼生が生存する場合もあります。

テナガエビ　オスは第2はさみ脚が長い

ミナミテナガエビ　テナガエビによく似ていますが、ミナミテナガエビのオスは第2胸脚にはえている毛がまばらなことで見分けがつ

きます。また、生きているときに頭胸甲側面に3本の縞が見えます。テナガエビよりも上流にすんでいて、伊豆半島の生息地では、流れのゆるやかな淵などにミナミテナガエビがいて、河口近くにテナガエビがいます。

ミナミテナガエビ

ヒラテテナガエビ ヤマトテナガエビとも呼ばれます。本州に分布するテナガエビの仲間ではもっとも上流域まで分布します。歩脚はほかの2種とくらべて太く、陸上に出ても歩くことができます。また、オスの大きなはさみ脚（第2胸脚）もほかの2種とくらべて太いのが特徴です。小形の個体は河川上流域〜下流域に広く分布しますが、大形の個体は上流域〜中流域に見られ、礫底の早瀬にいて昼間は石の下面にひそみ、夜に石の下から出て活動し、平瀬やとろにも姿を現します。

コンジンテナガエビ 大形になるテナガエビで、日本にはおもに鹿児島県の南部以南に生息しています。静岡県では浜名湖でとれたことがあり、最近では伊豆半島の河津川で見つかっています。ゾエア幼生が黒潮にのって、たどりついたものと思われます。温泉排水が流れこむ川でたくさん見られますが、静岡県の冬の寒さに耐えられず定着はしていないようです。

コンジンテナガエビ

コンジンテナガエビのゾエア幼生

スジエビ 広い意味ではテナガエビの仲間ですが、肝上棘（かんじょうきょく）がないことでテナガエビ類と区別されます。オスの第2胸脚もテナガエビの仲間ほど長くなりません。頭胸甲と

ヒラテテナガエビ

腹部背面に黒赤色の縞模様があります。テナガエビと同じく淡水で生活する型と汽水で生活する型があります。一生涯を淡水で生活する型は卵体積が大きくて産卵数が少ないのに対し、幼生時代を汽水あるいは海水中で生活する型では卵体積が小さくて産卵数は多いという特徴があります。また、河口付近では、スジエビに代わってスジエビモドキやイソスジエビといった近縁種が多くなります。

スジエビ　特有の縞模様がある

ヌマエビ　淡水で生活する小形のエビ類で、日本列島に広く分布します。ヌマエビには額角上縁のとげが頭胸上甲にもありますが、近縁の**ヌカエビ**にはないことで区別できます。これらのヌマエビ類は一般的に水草が繁茂している場所でよく見られます。テナガエビの仲間と同じく幼生の飼育には海水が必要ですが、海域と直接接続していない沼沢でも生息していて、これらの幼生がどのような生活史をおくっているか不明です。関東地方ではヌカエビが多く、静岡県以西ではヌマエビの方が多く見られますが、静岡県ではヌカエビは湧水などの冷たい水のところに多いようです。

ヌマエビ

ヌカエビ

ミゾレヌマエビ　南方の離島ではふつうに見られる種です。静岡県下でも見ることができます。生息地は伊豆半島の南部に多いですが、そのほかの地域でもよく見つかっています。ヌマエビより大きく、

ミゾレヌマエビ　美しい模様をもつ

体側に赤と黒、金色の小斑点があります。また、額角の先端がヌマエビより上方にむいていることで区別できます。幼生は海域や汽水域で生活します。

ヤマトヌマエビ　河川の上流域〜中流域で見られ、ヌマエビの仲間では大きい方です。伊豆地方ではサワエビと呼ばれています。オスはメスより小形で、体側の赤い模様はオスではほぼ円形ですが、メスでは破線状となっています。昼間は大きな岩かげなどにひそんでいて、夜になると活動します。稚エビの時代にはアシなどの抽水植物の根元をおもなすみかにしていますが、親エビになると大きな岩が多数あるような場所にすみます。親エビが見られるのが上流域〜中流域に限られているのはこういう理由です。最近では観賞用に売られています。なお、額角がとても短く、上縁に歯がない**トゲナシヌマエビ**も伊豆半島南部や富士山麓の小川から見つかっています。

ニホンイサザアミ　エビに似ていますが、アミの仲間に属し、歩くための歩脚をもっていません。いつも中層を遊泳していて、海水と淡水がまじりあう汽水域でのみ生活できる種です。浜名湖では佃煮の食材として漁獲対象にされてきましたが、海水化が進んで激減してしまい、現在ではむしろ浜名湖の周辺の河川や河口、汽水の湖沼の方が多いようです。本種は魚などの大型の動物の餌になる生きものとして重要です。河口などの海水がまじるところには、小型のエビジャコや中型のシバエビなどのほか多くの海産のエビ類が入りこんでいます。

ヤマトヌマエビ

ニホンイサザアミのオス

トゲナシヌマエビ　下田市周辺に多い

（秋山信彦）

水生昆虫

　水生昆虫とは一生もしくは一時的でも水面や水中で生活する昆虫のことです。ゲンゴロウやタガメのようにほとんど一生を水中で生活するものから、トンボのように成虫になると陸上で生活するものなど、生活様式は種類によってさまざまです。ここでは、大型で人目につきやすい甲虫やカメムシ、トンボの仲間の幼虫について紹介します。

水生甲虫の仲間

　よく知られているものにゲンゴロウの仲間があります。静岡県では40種あまりが見つかっています。甲虫の中では水中生活への適応が進んだグループで、遊泳毛が発達したうしろ脚で水中を自由に泳ぎまわることができます。ついでよく見られるのがガムシの仲間です。こちらは泳ぎがあまり上手でなく、水草などにつかまって歩いています。このほかにも水面を生活の場とするミズスマシの仲間や、光る姿が美しいホタルの仲間など多くの種類が知られています。

ゲンゴロウ　体長約40mmの日本最大のゲンゴロウです。背面は緑色をおびた暗褐色で、体の縁には黄色の線があります。自然環境の豊かな池などで見られますが、近年では西部地域の限られた場所でわずかに確認されているのみで、絶滅が心配されます。

クロゲンゴロウ　体長約20mmのゲンゴロウです。背面は和名のとおり一見黒色ですが、光のあたり方によって緑色や褐色にも見えます。ゲンゴロウと同じく自然環境の豊かな池や沼などに生息しています。県内では西部地域から伊豆半島までの広い地域で記録されていますが、まれな種類です。

ゲンゴロウ　黄色の線が特徴

クロゲンゴロウ

シマゲンゴロウ　背面の模様が美しい、体長約15mmのゲンゴロウです。県内ではおもに東部地域で

見られ、山あいの水田や水質のよい池などにすみます。このほか、シマゲンゴロウよりも小型で、体長約10mmの**コシマゲンゴロウ**も県内に分布しています。こちらは池や沼、水田、湿地などでふつうに見られます。

シマゲンゴロウ

コシマゲンゴロウ

ヒメゲンゴロウ 背面は黄褐色で、

ヒメゲンゴロウ

体長約12mmのゲンゴロウです。県内には広く分布し、もっともふつうに見られるゲンゴロウです。生息環境の適応性が広く、水田から池や沼、流れがゆるやかな水路などさまざまな場所で見られます。

ミズスマシ 体長は約6mmです。おもに西部地域で見られ、山あいの池などの水面で生活しています。このほか、県内には体長約5mmのコミズスマシ、体長約4mmのヒメミズスマシも分布しています。いずれも、生息していた池がなくなったり、環境の悪化のために近年はまれな種となっています。

ミズスマシ

オオミズスマシ ミズスマシよりも大きく、体長は約9mmです。体のわきに黄色のふちどりと、前ばねの後方に棘状の突起があるのが特徴です。県内では西部地域から伊豆半島までの広い地域で確認されています。抽水植物が豊富な池などにすみます。

オオミズスマシ

オナガミズスマシ 体長約9mmの、流水性のミズスマシです。河川の中流域〜上流域の流れがゆるやかな場所で生活しています。

オナガミズスマシ

ガムシ 体長は30mmを超える大型の水生昆虫です。幼虫は肉食性ですが成虫になると雑食性となり、おもに水草や落葉などを食べます。県内では西部地域〜中部地域にかけて記録がありますが、まれな種類です。おもに池や沼、水田などで見られます。

ガムシ

水生カメムシの仲間

　この仲間でよく知られているものにタガメやタイコウチ、コオイムシなどがあります。このほか、水面を生活の場とするアメンボなどもこの仲間にふくまれます。針状の口が特徴で、えものにつきさして体液を吸います。

タガメ 本州ではもっとも大型の水生昆虫で、大きな個体では体長約60mmになります。県内では過去に西部地域の広い範囲で確認されていますが、現在は餌となるカエルなどの生物が豊富な山間の水田地帯でしか見られなくなりました。

タガメ

タガメの卵

コオイムシ 体長は17〜20mmです。池や沼、水田、湿地などにすんでいます。メスがオスの背中に卵を産みつけ、オスは孵化まで世話をします。西部地域〜中部地域でよく見られます。

コオイムシ

タイコウチ 泳ぐときに前脚を前後に動かすようすを、「太鼓を打つ」動作に見たててこの名前がつきました。体長は約30mmで、さらに尾部には体長とほぼ同じ長さの呼吸管があります。県内の池や水田などの止水域で見られます。

ヒメタイコウチ 体長は約20mmで、呼吸管は短く3mm程度です。湧水のある湿地帯で見られます。水中での生活はむしろ苦手で、水ぎわをおもな生活の場としています。県内では西部地域の限られた場所だけで確認されています。浜松市は分布の東限にあたります。

ヒメタイコウチ

ミズカマキリ 体長は約40mmで、体長とほぼ同じかやや長い呼吸管をもっています。県内では、池や沼、水田、流れのゆるやかな水路などで見られます。また、県内にはこれと近縁でより小型の**ヒメミ**

タイコウチ

ミズカマキリ

ズカマキリも分布しています。こちらは呼吸管をのぞいた体長が約30mmで、呼吸管の長さも体長の2/3ほどです。

ヒメミズカマキリ

ナベブタムシ 体長は約9mmでほぼ円形をしています。河川の中流域〜上流域に生息しています。県内ではいくつかの限られた場所に分布しますが、その場所では多くの個体を見ることができます。水中の酸素をとりこむことができ、生涯を水中で生活します。

ナベブタムシ

コバンムシ 体長は約12mmで楕円形をしています。ヒシなどの浮葉植物が多く水質のよい池で見られます。県内では西部地域〜中部地域の数カ所で確認されていますが、いずれの場所でも個体数は減少しており、絶滅が心配されます。

コバンムシ

マツモムシ 体長は約12mmで、細長い形をしています。いつも背面を下にして泳いでいます。県内に広く分布し、池などの止水域にいます。素手でつかむと口吻でさされやすいので、注意が必要です。

マツモムシ

トンボの仲間の幼虫

　トンボの仲間の幼虫はヤゴと呼ばれ、水中で生活しています。肉食性でほかの生物をおそって食べます。成虫については昆虫の項を参照。

ギンヤンマの幼虫　県内に広く分布し、水草の多い池や、流れがゆるやかな水路などに見られます。成虫については66ページを参照。

ギンヤンマの幼虫

クロスジギンヤンマの幼虫　ギンヤンマの幼虫によく似ています。池などで見られますが、ギンヤンマにくらべて木々に囲まれたうす暗い場所を好みます。県内に広く分布しています。

クロスジギンヤンマの幼虫

ネアカヨシヤンマの幼虫　アシやマコモなどの植物が多い池や湿地などで見られます。県内での生息地は限られています。

ネアカヨシヤンマの幼虫

アオヤンマの幼虫　アシなどの植物が茂る池や湿地に見られます。県内での生息地は限られています。

アオヤンマの幼虫

ミルンヤンマの幼虫　川の上流部の枯れ葉などがつもっている淵などに見られます。県内に広く分布しています。

ミルンヤンマの幼虫

オニヤンマの幼虫　やや流れのある水路などで泥にもぐっています。県内ではふつうに見られます。ヤンマの名がありますが、ヤンマの仲間ではなくオニヤンマ科に属します。成虫については64ページを参照。

オニヤンマの幼虫

ウチワヤンマの幼虫　おもに湖沼で見られ、とくに浜松市の佐鳴湖には多くいます。成虫については66ページを参照。

ウチワヤンマの幼虫

コオニヤンマの幼虫　脚の長い扁平な幼虫で、おもに河川の流れがゆるやかな場所で見られ、抽水植物や落ち葉があるところでじっとしています。県内ではふつうに見られます。ヤンマと名がついてい

コオニヤンマの幼虫

ますが、サナエトンボ科に属します。

コヤマトンボの幼虫　脚が長くクモのようなかっこうをしたヤゴです。河川の流れがゆるやかで抽水植物や落ち葉があるところでじっとしています。県内ではふつうに見られます。成虫については64ページを参照。

コヤマトンボの幼虫

ムカシトンボの幼虫　河川の源流部の早瀬で見られます。県内では広く分布していますが、個体数は多くありません。成虫になるまで

ムカシトンボの幼虫

に7〜8年かかります。成虫については63ページを参照。

（北野　忠）

淡水貝類

　淡水貝類には大きく分けて腹足類（巻貝の仲間）と二枚貝類のふたつがあります。護岸整備や水質汚濁による生息環境の悪化により少なくなっている種類もありますが、その一方で、外国からもちこまれたスクミリンゴガイのように近年分布域を広げている種類もあります。ここでは静岡県で見られる淡水貝類のうち、大型のものを選んでいくつか紹介します。

腹足類（巻貝の仲間）

　静岡県の淡水中にすむ腹足類には、アマオブネガイ科、リンゴガイ科、タニシ科、カワニナ科のほか微小なグループの数科が知られています。どれも、石やコンクリートなどの壁面や水草などにはりついています。おもに藻類などをけずりとって食べていますが、水草や動物の死骸などを食べる雑食性の種類もあります。

イシマキガイ　県内では西部地域から伊豆半島まで広く分布します。河川下流域の淡水域～感潮域で生活しています。殻は球形で殻径は約20mmです。藻類をよく食べるため、最近では水槽内のコケ取り用として利用されています。

イシマキガイ

スクミリンゴガイ　南米が原産地です。ジャンボタニシとも呼ばれていますが、タニシの仲間ではなくリンゴガイ科に属します。食用として養殖するため輸入されましたが、需要がなくなり放棄されたり逃げ出したりしたものが自然繁殖し、稲を食いあらす被害を起こすまでになっています。

スクミリンゴガイ

カワニナ　県内では西部地域から伊豆半島までの、河川上流域～下流域や水路などでふつうに見られます。殻は細長く、成貝の殻高は20～45mmです。ゲンジボタルの幼虫の餌となります。なお、西部地域には殻の表面に縦肋彫刻が表れるチリメンカワニナが、東部地域にはチリメンカワニナの関東型であるハコネカワニナが分布する

ところもあります。

カワニナ

ヒメタニシ　県内では西部地方から伊豆半島までの平野部の池や沼、水路などで見られます。大きな個体でも殻高は30mm程度です。ほかの種とくらべると水質の汚れにも強く、やや汚れた場所に非常に多くの個体が生息していることもあります。タニシやカワニナの仲間は胎生で、卵ではなく仔貝を産んでふえます。

ヒメタニシ

マルタニシ　県内ではおもに平野部の水田や池や沼、水路などで見られますが、ヒメタニシにくらべてやや限られた場所に分布します。殻高は30〜40mmで、殻に丸みがあります。また殻高が40〜60mmのオオタニシはいくつかの限られた場所に分布し、湧水のある湖沼などで確認されています。

マルタニシ

二枚貝類

　静岡県の淡水にすむ二枚貝の仲間には、イシガイ類とシジミ類があります。種類によって生活環境は違いますが、いずれも泥や砂中にもぐって生活していて、水中の植物プランクトンや微小な有機物をえらでこしとって食べています。ドブガイのように、池などの止水域に生息するものもありますが、多くは流れがゆるやかな水路などに生息します。このうちイシガイ科の仲間は淡水魚であるタナゴの仲間の産卵母貝となっています。

ドブガイ　県内では、伊豆半島をのぞく各地に分布し、おもに池や流れのゆるやかな水路で見られます。大型の淡水二枚貝で、大きなものは殻長が200mmを超えます。静岡県ではタイリクバラタナゴの産卵母貝となっています。最近、遺伝学的な2型があり、形態や繁

殖期なども違うことがわかりました。県内におけるこれら2型の分布については明らかになっていません。

ドブガイ

イシガイ 県内では大井川以西に分布し、おもに流れのゆるやかな水路の砂泥〜砂礫底のところに見られます。殻は長卵形で、成貝の殻長はふつう45〜60mmです。

イシガイ

マツカサガイ 殻は卵円形で、殻表面にさざなみ模様があります。流れがゆるやかな水路の砂泥〜砂礫底のところに見られます。この貝はヤリタナゴの産卵母貝となっていると考えられています。現在、県内で確実に生息している場所は都田川水系のみです。ここでも生息地の川底がコンクリートで固められたりして、すめる場所が限られてきました。

マツカサガイ

マシジミ 県内では西部地域から伊豆半島までの河川の中流域〜下流域や水路、池や沼などでふつうに見られます。あまり食用にはされません。なお、西部地域〜中部地域にかけての河川の河口域にはヤマトシジミが見られます。こちらは食用とされています。

マシジミ

（北野　忠）

両生類

両生類はイモリ、サンショウウオなどのように一生尾をもちつづける有尾目と、成長すると尾がなくなる無尾目（カエル類）に分けられます。静岡県には、現在18種類の両生類が生息しますが、まだ新しい種が発見される可能性もあります。発見の一方で、絶滅している種類もあります。ダルマガエルは、中部地域と東部地域で、ここ十数年に１例も確認の報告がありません。また、むかしは多く見られた「カワズ合戦」も最近ではほとんど見られなくなりました。

ヒキガエルの子どもたち、この子どもたちにも未来がある

両生類という動物 両生類はその名前から、陸と水中の両方で生きられると考える人が多いと思います。確かに名前の由来はそうですが、研究が進むにつれて、両生類は陸と水のよい環境がないと生きていけないなさけない動物であるということがわかってきました。そのため、両生類が多種多数いることは生態系がしっかりしているということがいえます。

両生類は地方型 両生類は移動能力がないことや、地質や気候によって影響を受けやすいため、それぞれの地方でそこにしかいない地方型や地方種に分化することが珍しくありません。両生類はその点、その地域の特徴と自然環境のバロメーターとして重要な動物と考えられます。両生類は、ちょっとグ

ロテスクな生きものですが、よく見ると愛きょうがあります。この愛きょうのあるなさけない生きものをもっと理解していただき、彼らが生き残れる自然環境を守っていきたいと思います。

イモリ　全長オス：8～10cm、メス：10～13cm。山地の池や田んぼにすんでいます。繁殖期は4～7月上旬で、求愛行動からはじまります。オスは尾をまげ、メスの鼻先でリズミカルに動かします。オスが歩くとメスはそのあとにつづきます。オスは精子の入った袋（精包）を落とし、メスはそれを総排出腔でうけとめます。この精子は貯精嚢で貯えられ、産卵のときに受精させます。

イモリ

イモリの求愛ダンス

ハコネサンショウウオ　全長10～19cm。南アルプス、愛鷹山、天城山など高い山地の渓流にすんでいます。幼生期は流されないように、前後の肢の指に黒い爪をもっています。日本に生息するサンショウウオの中で唯一肺をもたないで、皮膚呼吸だけで生活します。これは、肺の浮力で流されない適応と考えられます。

ハコネサンショウウオ幼生　©見沢康充

ハコネサンショウウオ　©見沢康充

ヒダサンショウウオ　全長13～15cm。標高500m以上の山地の源流域に生息しています。産卵は2～3月に水源の石の下で行われます。1匹のメスは、15～30個の卵が入った卵嚢外皮というじょうぶな袋をふたつ（1対）産みます。

孵化には約3カ月かかり、孵化した幼生はトビケラなどの水生昆虫を食べます。幼生はオタマジャクシと違ってエラが外にあり(外鰓)、成長して上陸のときにそのエラがなくなり、肺呼吸となります。親になるには4〜5年かかるといわれています。

ヒダサンショウウオ　©見沢康充

ヒダサンショウウオの卵塊　©見沢康充

アズマヒキガエル　体長10〜15cm。海岸近くから高山まで分布します。産卵は低地部では3月下旬、井川の富士見峠付近では4月中旬、富士山では標高1,600mのところで5月はじめに観察されています。小さな池や水たまりなどでも産卵します。多くのカエルが池に集まり、メスをうばい合うよう

アズマヒキガエル

すは「ガマ合戦」と呼ばれます。卵はひも状の卵嚢に包まれ、この中に2,500〜8,000個の卵が入っています。約2カ月で集団で上陸します。上陸のときの体長はわずか7〜8mmです。

ニホンアカガエル　体長オス：4〜5cm、メス：5〜7cm。1〜3月の何日か暖かい日がつづいたあとの雨の日に、田んぼや小さな池に

ニホンアカガエル

ニホンアカガエルの抱接

ニホンアカガエル卵塊

タゴガエル

集まり集団で産卵します。卵はひとかたまりの卵塊で、約1,000個もの卵が入っています。1匹のメスが1卵塊づつ産みます。

ヤマアカガエル 体長オス：5〜6cm、メス：6〜8cm。ニホンアカガエルに似ていますが、背中の両側にある線が鼓膜のうしろで大きく外側に曲がることで区別できます。

ヤマアカガエル

タゴガエル 体長4〜5cm。山地の小さな渓流や水のしみ出しのところで、直射日光があたらない石の下や穴の奥に60〜100個の卵塊を産みます。卵の直径は3〜4mmと大きく、色は灰白色です。低い山地での産卵は4〜5月ですが、南アルプスなどの高山では6月ころ行われます。

ツチガエル 体長オス：3.5〜4.5cm、メス：約6cm。土色でイボが多い小型のカエルです。水田や大きな川にも生息します。産卵は5〜8月の間で、繁殖期間に数回に分けて産みます。水の中で冬眠し、オタマジャクシで越冬することも多いため、水路が3面コンクリートでおおわれると、死滅する場合があります。

ツチガエル

ヌマガエル 体長3〜5cm。1980年ころから分布しはじめたと考えられます。ツチガエルに似ていますが、皮膚はなめらかで腹面は白くすべすべしています。

ヌマガエル

トノサマガエル　体長オス：6.5〜7.5cm、メス：7〜8.5cm。5月の上旬が産卵のときです。オスは両ほほにある鳴嚢をふくらませて、「グァル、グァル」と短い声で鳴き、ほかのオスを攻撃して、繁殖に適した場所を確保します。日本のカエルでは例外的にオスとメスで体色が違い、メスは基色が白または灰色で黒い斑紋がくっつきあった模様ですが、オスの基色は黄緑色です。卵は直径1.6〜1.8mmで、2,000〜4,000個集まり、直径20cmほどの球形の卵塊をつくります。

ダルマガエル　体長オス：5〜6cm、メス：5〜6.5cm。レッドデータブックで「絶滅危惧Ⅱ類」に指定されていて、県内でも一番絶滅に近い種です。本州だけにいて、その東限が静岡県です。1980年までは静岡市麻機沼でも多く見られましたが、志太平野や相良、桶ケ谷沼でも姿を消し、今では西部の数ケ所でしか確認できません。トノサマガエルと近縁で似ているため、よくまちがえられますが、後肢が短く、背中の斑紋が丸く、10〜25個でそれぞれがはなれています。産卵は5〜7月までつづき、メスは繁殖期に数回産卵します。卵塊は不定形の小さな塊で散在し、水草に付着したり水面に浮いたり

トノサマガエル

トノサマガエルの抱接

ダルマガエル

124

しています。トノサマガエルとはこの点が一番の違いです。

ウシガエル　体長15～18cm。「食用ガエル」の名でよく知られています。原産地はアメリカ合衆国の東南部で、日本での分布はすべて人為分布です。背の両側の線（背側線）がなく、鼓膜が大きいのでほかの種と区別できます。子ガエルは腹面にまだら模様があります。繁殖期は6～7月で、6,000～20,000個の卵を水面に広がるように産みます。オタマジャクシはその年には変態せず、翌年の夏に変態するものが多く、このときの体長は10～12cmで、日本に生息しているカエルの中でもっとも大きくなります。

アマガエル　体長2.5～4cm。水田や小さな水たまりで5～7月に産卵します。場所によっては9月ごろにも産卵することがあります。小さな体で大きな声で鳴きます。約1カ月で子ガエルに変態します。緑色のカエルのモリアオガエルやシュレーゲルアオガエルとよく似ていますが、鼻から鼓膜のうしろにかけて黒い筋があることで区別できます。水田に近い自動販売機では明かりにくる蚊を食べに、何匹もくっついているのを観察できます。

ウシガエル幼体　　　　©森　繁雄

ウシガエルのオタマジャクシ©森　繁雄

アマガエルの鳴き

アマガエル

モリアオガエル　体長オス：5～7cm、メス：6～9cm。森に囲まれた池や田んぼで4～7月に産卵し

ます。オスが「コ、コ、コ」とノドをふくらませ、メスを呼び、メスは鳴き声を頼りにオスとめぐり会います。オスはメスの背中へ飛

モリアオガエルの鳴き

びのり、メスは池のそばの木の枝に移動します。メスは腹を上から下へ動かし、透明な液とともにクリーム色の卵を出します。オスは精子を出し、足を動かして泡だてます。この動きを何回もくり返し、直径20cmほどの白い泡の玉をつくります。泡の中には200～400個の卵が生み出されます。白い泡の玉は、日がたつにつれて表面がかたくなり、黄色みをおびて、10～14日たつと形がくずれます。その下へたれたところからオタマジャ

モリアオガエルの抱接

ヘビに食べられるモリアオガエル

モリアオガエルの卵塊

クシが現れ、下にある池へダイビングします。うまく水面に落ちたオタマジャクシは落葉などの下へすばやく身をかくします。落ちたところを食べにくるイモリやヘビがいるからです。生き残ったオタマジャクシは約2カ月で手足もはえ、子ガエルになります。成熟す

モリアオガエルの卵塊

るのにオスで2年、メスで3年かかります。森の木の上でナメクジや虫などを食べて成長して、産まれた池へ産卵しに帰ります。

シュレーゲルアオガエル　体長オス：3〜4cm、メス：4〜5cm。4月の中旬〜5月下旬に田んぼのあぜや池のふちの土の中に、こぶし大の泡状の卵塊を産みます。メスはオスを背にのせたまま、あとずさりしながら土を掘り、土中にもぐって産卵します。大きさが小さいことと、斑紋がないことで、モリアオガエルと区別できますが、同じくらいの大きさの場合は皮膚がなめらかで、吸盤の小さな方がシュレーゲルアオガエルです。

シュレーゲルアオガエルの卵塊

シュレーゲルアオガエル

カジカガエル　体長オス：3〜4cm、メス：5〜7cm。川の中流域に生息していますが、もっとも高いところでは大井川の上流椹島（標高1,100m）でも見られます。繁殖期は5月中〜7月中旬で、オスは河原の石の上でなわばりをつくり、鳴いてメスを呼びます。体色は灰褐色で、保護色となっています。オタマジャクシは川の流れに流されないように、口が大きく吸盤のはたらきをします。また、この口を使って石の表面の藻類を食べます。

カジカガエル

カジカガエルのオタマジャクシ

（國領康弘）

爬虫類

　爬虫類は甲らをもつカメの仲間と、体の表面がうろこにおおわれるヤモリ、トカゲ、ヘビの仲間に大きく分けられ、97種が日本に生息しています。日本の爬虫類の大部分は、鹿児島県と沖縄県に点在する南西諸島に生息しています。一方、本州に生息する種は18種で、静岡県には2種をのぞいた16種が生息しています。静岡県に生息する爬虫類はほかの県でも確認されていて、静岡県に特徴的な種はありません。しかし、静岡県は海岸から平野、南アルプスの山岳地帯にいたるまでさまざまな自然環境に恵まれていて、爬虫類はそれぞれの生息環境にあわせて県内各地に生息しています。

アオダイショウ　樹上性で人里に生息する身近なヘビ

爬虫類と静岡県の自然　静岡県の爬虫類は全体的に個体数が減少しています。各地で進行するさまざまな開発により、生息環境がうばわれることが原因です。大規模な開発だけでなく、里山の林や棚田、郊外の水田や湿地の宅地化など、身近にある小さな自然の消失も大きな影響をあたえています。爬虫類は一般的に人にきらわれることの多い動物です。しかし、一部の毒ヘビに十分な注意をはらえば危険はありません。爬虫類は身近なところにも生活している自然の重要な構成員のひとつであり、自然の豊かさの指標ともなります。自然との共生のために、爬虫類について理解を深めることも大切です。

カメの仲間

寺や公園の池で体温調節などのために日光浴をしているカメの姿を見かけます。そのほか、カメは浅い池や沼、河川、水田、用水路などにもすんでいます。最近、各地の池などでよく見かけるカメは、帰化種であるミシシッピーアカミミガメです。日本にもともとすんでいる種（在来種）のクサガメとイシガメは個体数が減少しています。野生化したミシシッピーアカミミガメの方が生活力や繁殖力が強く、在来種が競争に負けたからです。外国産のペットは自然の中には出さないという、飼育の常識を守ることが大切です。

アカウミガメ 体長70～100cm。レッドデータブックで「絶滅危惧Ⅱ類」に指定されていて、産卵期以外は太平洋を回遊し、5～7月ころ遠州灘などの砂浜に産卵のために上陸します。

クサガメ 体長10～25cm。甲らは黒褐色で、甲板という1枚1枚の小さな板は黄色でふちどられています。甲らには頭から尾に向かって3本の盛り上がりがあり、首の横に不規則な黄色の縦縞が見られます。黄色のふちや模様がない個体もいます。雑食性でおもに魚や水生昆虫、カエルなどを食べます。飼育するとよく慣れ、市販の餌で飼えます。11月以降、池の底などで冬眠します。池や沼、河川、水田などに生息します。

クサガメ

イシガメ 体長13～18cm。甲らは茶褐色で、中央の頭から尾の方向に1本のもり上がりがあります。尾の両側の甲らのふちがのこぎり状になっています。腹側の甲らは黒色で、首の横に黄色の模様はありません。子どもは甲らの形から「ゼニガメ（銭亀）」と呼ばれ、縁日やペットショップで売られています。雑食性で、おもに魚や水生昆虫、ザリガニなどの甲殻類などを食べます。11月以降、池の底や渓流の落ちこみなどで冬を越します。飼育は簡単です。

イシガメ

イシガメの子ども

ミシシッピーアカミミガメ　体長12〜28cm。アメリカ合衆国南部が原産地です。ペットとして輸入されたものが野生化しました。目

ミシシッピーアカミミガメ

ミシシッピーアカミミガメ　©國領康弘

のうしろに赤い帯があることでほかの種と区別できます。甲らの色は緑褐色です。雑食性で魚やカエル、甲殻類などを食べます。また、成長すると水草も食べます。子どもはミドリガメと呼ばれ、縁日やペットショップで売られています。簡単に飼育できますが、大きくなりすぎて池や沼にすてられることが多く、野生化の原因となっています。

スッポン　体長20〜35cm。甲らはほかのカメのようにかたくなく、灰褐色でやわらかい革のような皮膚におおわれています。肉食性で魚や甲殻類、水生昆虫、貝などを食べます。

スッポン　©國領康弘

ヤモリの仲間

　ヤモリは人家周辺に生息し、市街地でも見かけますが、個体数が減少しています。

ニホンヤモリ　体長10〜12cm。体色は灰褐色で、足の指の裏側が吸盤状になっていて、垂直なガラス窓や壁、天井でも落ちることなくすばやく動けます。夜行性で人家の電灯に集まるガやハエなどを食べます。

ニホンヤモリ

ニホントカゲの幼体

トカゲの仲間

　トカゲは海岸から高い山まで生息し、日当たりのよい草地や石垣、土手、庭先、畑、道路わきなどで日光浴をする姿を見かけます。カナヘビは高い山には分布せず、平地から低山地の草原や堤、庭先などで多く見られます。

ニホントカゲ　体長20〜25cm。ずんぐりした体形で、尾は全体の約3/5をしめます。体色は茶褐色で、うろこはなめらかで光沢があります。子どもは黒地で5本の黄白色のすじが頭から尾の方向にあります。尾はあざやかな青で、この色彩から「青トカゲ」や「銀トカゲ」と呼ばれます。昼行性でミミズ、クモ、コオロギなどを食べます。動きがすばやく、なかなか捕まえられません。捕まえようとして尾を押さえると尾を切って逃げます。

ニホンカナヘビ　体長20〜25cm。ほっそりした体形で、尾が非常に長く、全体の約2/3をしめます。体色は背側が褐色で、腹側は白または黄色です。かさかさした感じのうろこでおおわれ、光沢がなく地味で、体形とあわせてニホントカゲと区別できます。子どもは尾が黒っぽいのが特徴です。昼行性で昆虫やクモなどを食べます。ニホントカゲと同じく動きが速く、

ニホントカゲ

ニホンカナヘビ

ニホンカナヘビの幼体

アオダイショウ

人目につくのは日光浴のときなどです。もっとも普通に見られるトカゲで、草原や堤、庭先などで多く見られます。

ヘビの仲間

ヘビは、市街地から郊外の田畑や山地の森林までいろいろな環境に生息しています。タカチホヘビは町中の公園や学校で死体が見つかることがときどきあります。郊外の水田や畑では、ヒバカリやアオダイショウ、ヤマカガシなどに出会うことがあります。山間部の林道や登山道でシマヘビやジムグリ、マムシなどを見かけます。

アオダイショウ 体長100〜200cm。南西諸島をのぞくと日本で最大のヘビです。体色は灰色がかった緑色ではっきりしない4本の黒っぽいすじが頭から尾の方向にうっすらと見えます。目は黒褐色で瞳孔は丸形です。子どもは白っぽい灰色か褐色の地色に、黒褐色の不規則な横帯がはしご状にならんでいます。その模様がシロマダラやマ

アオダイショウの幼体

ムシと似ていることから、まちがわれることがしばしばあります。おとなしいヘビで、おもに鳥と哺乳類を食べます。

シマヘビ 体長80〜150cm。アオダイショウやヤマカガシとともに、日本を代表するヘビです。体色は黄褐色で、名前の由来となる4本の縦縞が背中にあります。目は赤く瞳孔が縦長の楕円形です。子どもは体色が赤みをおび、首にあずき色の三味線のバチ形の模様があります。また、背中には細い横縞がならんでいます。おもにカエルやトカゲ、小さなヘビを食べますが、小鳥や小さな哺乳類も餌とし

ます。気が荒く、捕まえようとすると頭を三角にしてもち上げ、体をＳ字状にして尾を激しくふっておどし、かみつくこともあります。

シマヘビ

シマヘビの幼体

ヤマカガシ　体長60〜140cm。もっとも普通に見かけるヘビです。体色は褐色地に大きめの黒と赤の斑紋が交互に配列しています。しかし、個体による色彩の差が大きく、赤色を欠くものや斑紋が不鮮明な個体もあります。子どもは親よりも色があざやかで、とくに首の黄色い帯が目立ちます。水辺を好み、おもにカエルやオタマジャクシ、小魚を食べます。首のうしろに有毒物質を出すところがあり、強くおすと毒液を出します。また、深くかまれると毒が入り、死亡する場合もあります。

ヤマカガシ

ヤマカガシの幼体

ヒバカリ　体長40〜65cm。地味な小形のヘビで、体色は褐色で、首の横にななめの黄色いすじ模様があります。腹面は黄色て、体の横に暗褐色の小斑紋が点線状にならんでいます。「ヒバカリ」の名前は、「かまれたら、その日ばかりの命」という迷信からつけられたといわれています。実際は無毒でおとなしいヘビです。カエルやオタマジャクシ、小魚、ミミズなどを食べます。乾燥に弱く、夕方や雨天時によく活動します。水辺や多湿な場所を好み、よく水に入

って泳ぎます。

ヒバカリ

タカチホヘビ　©國領康弘

ヒバカリのくびの部分

タカチホヘビの腹面

タカチホヘビ　体長20〜53cm。ほっそりした小形のヘビで、体色は光沢のある茶色で、中央の頭から尾の方向に1本の黒いすじがあります。また、うろこがほかのヘビのように重ならず、うろことうろこの間に皮膚が露出しているため、乾燥に弱いという特徴があります。ほかのヘビと区別する最大の特徴は、尾の腹部のうろこ（尾下板）が1枚であることです。ほかの種は2枚が対をなしてならんでいます。地中によくもぐり、ミミズなどを食べます。石や倒木の下、落ち葉のたまった場所などで生活し、夜間や雨のときに地上に出てきます。

ジムグリ　体長80〜120cm。体色は淡黄褐色または赤褐色で、小さな黒い斑点があります。頸部のくびれはあまりありません。腹面は淡黄色または赤褐色で、角ばった幅広い黒斑がならびます。子どもは赤褐色で、頭部に黒色で逆V字形の目立つ模様があります。小形のネズミなどの小さな哺乳類だけを食べています。性質は温和でものかげにかくれ、見かけることの少ないヘビです。また、地中にもぐる習性があり、「地にもぐる」から「ジムグリ」という名前がつきました。

ジムグリ

ジムグリの腹面　　　　©國領康弘

シロマダラ　体長30〜70cm。体色は灰褐色で頭部は黒褐色、頸部から尾部にかけて幅広い黒色の環状の模様が50〜60列ならんでいます。頭部は少し大きく扁平で、頸部はあまりくびれていません。トカゲやカナヘビ、タカチホヘビなどの爬虫類を餌としています。夜

シロマダラ　　　　　　©國領康弘

行性で、ものかげにひそむ性質が強いため、人目にふれることが少なく、発見例は多くありません。性質はかなり荒く、おどかす姿勢をとり、かみつきます。

ニホンマムシ　体長60〜140cm。毒蛇として有名です。体色は黄褐色で、黒褐色の円形または楕円形の大きめの模様がならんでいます。頭部は長三角形で頸部のくびれははっきりしています。胴はやや太く、尾は短くて急にくびれます。おもにカエルや小さな哺乳類を食べます。性質はおとなしく動作も

ニホンマムシ

にぶいため、人を攻撃してかむことはありません。しかし、出会ったときには十分な注意が必要です。マムシは卵ではなく、子ヘビを産む卵胎生です。

（森　繁雄）

鳥　類

　駿河湾から日本最高峰の富士山まで、静岡県にはさまざまな自然が残されていて、多くの鳥が確認されています。日本全国で確認されている鳥は約550種ですが、1998年発行された「静岡県の鳥類」では378種類の鳥が静岡県内で確認されています。この数は本州で記録されている鳥のほとんどにあたり、他県とくらべても多いと思われます。この中で県内だけにすんでいる鳥はいませんが、ライチョウは世界の南限にあたり、ヒメアマツバメやコシジロイソヒヨは日本ではじめて県内で記録されたものです。

サンコウチョウ　　　　　　　　　　　　　　　　　　© 飯塚久志

サンコウチョウ　県内の里山周辺の樹林帯に東南アジアから渡ってくる夏鳥。「月、日、星、ポイポイポイ」と鳴くところから、三光鳥の名があります。1964年（昭和39年）に県の鳥に指定されました。里山が少なくなるにしたがい、この鳥も少なくなっています。

絶滅しそうな鳥たち 野鳥はそのすんでいる環境の変化にとても敏感です。たとえば、スズメやカラス、キジバト、ムクドリなど都市に生活し、人をうまく利用できる鳥は、最近数がふえてきています。反対に、開発などによってすむ場所がなくなることによって数が減っている鳥、たとえば夏鳥のヒクイやミゾゴイ、サンショウクイなどもあります。

　国のレッドデータブックにのっている種類で、絶滅危惧種として静岡県内で確認されているものは、アホウドリ、コウノトリ、オジロワシ、クマタカ、イヌワシ、ライチョウ、ウミガラスなど9種があります。また、危急種としては、オオワシ、オオタカ、ハヤブサなど17種、希少種として、ミゾゴイ、コアジサシなど40種があります。

鳥の渡りやすみ場所による呼び名

　鳥は、渡りをしないものと、渡り鳥でも日本にくる季節によっても、呼び名が違います。

留鳥：渡りをしないで、1年中おなじ場所にいる鳥。スズメ、カラスなど。

漂鳥：繁殖期には山地や高山にいて、冬には里山や低地に移動する鳥。ルリビタキやウグイスなど。

旅鳥：繁殖は日本以外で行い、その繁殖地への渡りの途中、日本に立ち寄る鳥。シギ、チドリ類など。

夏鳥：日本で繁殖するため、南方から春に渡ってくる鳥。ツバメやコアジサシなど。

冬鳥：日本より北の地方で繁殖し、秋に日本へ渡ってきて冬をすごす鳥。カモやツグミなど。

迷鳥：日本が本来の生息地ではないが、ほかの鳥についてきたり、迷ってきた鳥。コウノトリなど。

ミゾゴイ

静岡市麻機沼にきたコウノトリ

いろいろな環境にすむ鳥たち

　鳥たちは、森林や水辺などのさまざまな環境に、それぞれすみ分けています。ここでは、高山・亜高山、山地、高原、渓流、里山、市街地、湿地、湖沼、河口、海岸に分けて、そこにすむ代表的な鳥たちを紹介しましょう。

高山の鳥　森林限界を越えたハイマツ帯や岩石地帯にすむ鳥で、県内では、富士山と南アルプスで見られます。

ライチョウ　留鳥で、南アルプスのハイマツ帯にすみます。南アルプスの光岳（てかりだけ）周辺にすむライチョウが、世界のライチョウ属の南限となっています。冬には羽根が白くなります。

ライチョウ

ホシガラス　ハイマツ帯などから、標高2,000mくらいの高山まですんでいます。南アルプスと富士山にすんでいます。

ホシガラス

イワヒバリ　高山の岩場などで繁殖し、人をあまりおそれず、近くによってくることもあります。冬は標高1,000mくらいの場所ですごします。

イワヒバリ

カヤクグリ　繁殖期には、よくハイマツや木のこずえで、「チリリ、チリリ」とさえずります。冬は低地に移動します。

カヤクグリ

亜高山の鳥　標高1,500〜2,500mのトウヒやシラビソなどの針葉樹が主体の森林にすむ鳥です。ここで繁殖した鳥たちも、冬は気温が下がって餌になる昆虫などがいなくなるので、低地に移動してすごします。

ルリビタキ　漂鳥で、スズメより小さく、オスは青い色をしています。冬は人里近くでも見られます。

ルリビタキ

ウソ　漂鳥で、スズメ大の鳥です。オスは、ほほの赤が目立ちます。「フィー、フィー」と口笛のような鳴き声です。太いくちばしで、木の実や芽などを食べます。

ウソ

コガラ　漂鳥で、とても小さな鳥で、亜高山から山地にかけて広くすんでいます。「ジー、ジー、ツピ、ツピ」と鳴き、木の穴でひなを育てます。冬は群れをつくって、ほかのカラ類といっしょにすごすことがあります。

コガラ

ビンズイ　岩の上や木のこずえ、ときにはヒバリのように飛びながら、大きな声で鳴きます。冬は海岸近くで見ることもあります。

ビンズイ

山地の鳥　標高500〜1,500mの山地にすむ鳥たちです。この高さにすむ鳥の種類は多いのですが、スギやヒノキの人工林では、餌も少なくほとんど鳥は見られません。天然の木がどんどん切られて、人工林に植えかえられると鳥もいなくなってしまいます。

アオゲラ　留鳥で、ハト大の鳥です。木の中にいる虫を、鋭いくちばしでつつきだして食べます。「ピョー、ピョー」と高い声で鳴きます。

アオゲラ

ヒガラ　留鳥で、スズメよりずっと小さい鳥です。「ツピ、ツピ、ツピ」と高い声で鳴きます。木の穴や巣箱をよく利用します。冬はほかのカラ類やメジロ、コガラなどとまざった群れをつくります。

ヒガラ

コルリ　夏鳥で、スズメより少し小さい鳥です。オスは背中のるり色が目立ちます。茂みの中でさえずることが多く、姿はなかなか見られません。

コルリ

クロツグミ　夏鳥で、ムクドリより少し大きい鳥です。いろいろな旋律で鳴く歌の名手です。オスは黒く、メスは茶色をしています。高原でも見られます。

クロツグミ

キビタキ 夏鳥で、スズメより小さい鳥です。明るい林にすみます。黄色の胸が目立ち、「オーシン、ツクツク」と、ほがらかな声で鳴きます。

キビタキ

アカハラ 夏鳥または漂鳥で、ムクドリより大きな鳥です。「キョロン、キョロン、シー」と木のこずえで大きな声でさえずります。

アカハラ

ゴジュウカラ 留鳥または漂鳥で、スズメより小さい鳥です。少し高い山地の林や森にすみます。「フィーフィー」と鳴き、木の幹を上下しながら、餌をさがします。

ゴジュウカラ

オオタカ 留鳥で、広いなわばりをもち、鳥や小動物を餌にします。近年、開発によりその生息地がおびやかされることが多くなっています。

オオタカ

イカル 留鳥ですが、冬は里に下がります。「キーコーキー」とほがらかな声で鳴きます。

イカル

高原の鳥 県内に高原といえる場所は少なく、朝霧高原と御殿場高原くらいです。したがって、高原の鳥も限られています。さらに、これらの高原も場所によっては植林されつつあり、高原の鳥のすむ場所も少なくなっています。

ノビタキ 高原の代表的な夏鳥で、スズメ大の鳥です。朝霧高原や御殿場高原で繁殖しています。高原の岩かげなどに巣をつくります。渡りの途中で各地で見られます。

ノビタキ

コヨシキリ 夏鳥で、スズメより小さな鳥です。オオヨシキリは湿地にいますが、コヨシキリは高原の草地で、「ギョギョシ、ギョギョシ」と鳴きます。

コヨシキリ

ツツドリ 夏鳥で、ハト大の鳥です。山地や高原でよく見かけます。カッコウと同じように、ほかの鳥の巣に卵を産みつける托卵をします。「ホ、ホ、ホ」と筒をたたくような声を出します。

ツツドリ　　　　　　　©飯塚久志

アカモズ 夏鳥で、スズメより大きくモズより赤みが強いスマートな鳥です。最近、高原でも確認が少なく、数が減っているようです。

アカモズ

渓流の鳥 奥山や人里に近い渓流や沢にすむ鳥です。渓流も年々河川改修や家庭排水などで汚染され、鳥たちにとってもすみにくくなってきています。とくに、魚や水生動物を主食としている鳥にとっては、その餌の減少が大きな問題となります。

カワガラス 留鳥で、岩の上で尾をふったり、水中の水生昆虫をとったりします。ダムの内側の穴などに巣をつくることもあります。

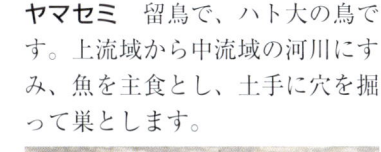

ヤマセミ 留鳥で、ハト大の鳥です。上流域から中流域の河川にすみ、魚を主食とし、土手に穴を掘って巣とします。

カワガラス

ヤマセミ

オオルリ 夏鳥で、スズメ大の鳥です。渓流のそばの木のこずえでさえずります。捕獲飼育は禁止されていますが、姿も声もよいので密猟され、問題となっています。

キセキレイ 留鳥で、スズメ大の鳥です。おもに河川の近くにすみますが、生息範囲は広く高山から低地まで見かけます。尾をピンピンふりながら、昆虫を餌とします。

オオルリ

キセキレイ

里山の鳥 日本の原風景ともいえる、棚田に小川、雑木林といった里山も、今はほとんど見られなくなりました。原因は、農村の過疎化と高齢化といわれていますが、里山は鳥たちがすむのに欠くことのできない場所です。これら里山の荒廃と変化にともない、そこにすむ鳥の種類も変わりつつあります。

キジ 留鳥で、カラス大の鳥です。日本の国鳥で、一夫多妻です。「ケン、ケン」と鳴き、羽をふるわせます。

キジ

トビ 留鳥で、上空に輪をえがきながらグライダーのように飛びます。里山だけでなく、河川、河口、海岸などにすんでいます。

トビ

モズ 留鳥で、スズメより少し大きな鳥です。猛禽類(もうきん)のように、ほかの小鳥をおそうこともあります。「秋のモズの高鳴き」や「モズのはやにえ」などが、知られています。

モズ

メジロ 留鳥で、いまだに飼育のための密猟が絶えません。静岡県のメジロの飼育数は日本一とのことで、とても自慢できません。

メジロ

コゲラ 留鳥で、スズメ大の鳥です。以前は山の鳥でしたが、今では市街地へも進出してきています。冬はメジロやシジュウカラなどとまざって群れをつくります。

コゲラ

ホオジロ 留鳥で、スズメ大の鳥です。低木のこずえでさえずり、「一筆啓上つかまつり候」と聞こえるといわれます。

ホオジロ

ヤマガラ 留鳥で、スズメより少し小さい鳥です。「ツツピー、ツツピー」と鳴き、太いくちばしで実をわって食べます。

ヤマガラ

ツグミ 冬鳥で、ハトより小さい鳥です。秋に北から渡ってきて、冬をすごします。地上にもよくおり、虫をさがします。

ツグミ

フクロウ 夜行性で、ネズミなどの小動物を餌にしています。数は減っているようです。

フクロウ

市街地の鳥 もともと市街地の鳥といえば、スズメやカラスぐらいでしたが、街中は人通りが多く、天敵のタカなどの猛禽類の鳥から守られることや、冬でも暖かくすみやすいことなどから、都市の鳥と呼ばれる鳥がふえてきています。

スズメ 留鳥で、むかしから人と強いつながりをもち、親しまれています。夏から冬にかけて、夕方に町中の街路樹などに群れをつくって休みます。

スズメ

キジバト 以前は山の鳥でしたが、今では街路樹などで冬でも繁殖するようになってきています。「ボー、ボー」とのどかな声で鳴きます。

キジバト

ムクドリ 留鳥で、静岡県では近年数がどんどんふえている鳥です。

黒い体に黄色いくちばしをもち、人家の戸袋や木のほらなどで繁殖し、夏から冬にかけて夕方大群で飛びまわります。

ムクドリ

ハシブトガラス 留鳥で、タカなどの猛禽類の鳥の減少にともなって数がふえ、今ではカラスが都市鳥の天敵となっています。

ハシブトガラス　　©飯塚久志

ツバメ 夏鳥で、スズメ大の鳥です。最近、街中の建物がコンクリ

ートとなってきたため、巣がつくりにくくなってきています。巣立ちしたツバメは、河口のアシ原などに群れでねぐらとします。

ツバメ

ヒメアマツバメ 留鳥で、スズメ大の鳥です。1967年（昭和42年）、静岡市の映画館街ではじめて確認されました。それ以来、市街地の軒下などに集団で繁殖しています。分布も北上しています。

ヒメアマツバメ　　　　　©飯塚久志

シジュウカラ 留鳥で、スズメより少し小さい鳥です。本来里山の鳥ですが、都市部にも進出し、街中の公園でもよく見られます。巣箱をかけるとよく利用します。

シジュウカラ

ヒヨドリ 留鳥で、ムクドリ大の鳥です。以前は漂鳥でしたが、今では街中でいつでも見られます。「ピーヨ、ピーヨ」と鳴き、果実や虫を食べます。

ヒヨドリ

アオバズク 夏鳥で、市街地の神社や大木のあるところで繁殖します。「ホーホー」とくり返し鳴きます。

アオバズク

147

湿地の鳥 アシの茂る沼地や水田などの湿地帯にすむ鳥たちです。とくに都市近郊の湿地は、近年どんどん開発で埋め立てられて、鳥たちのだいじな生息地が減少の一途をたどっています。湿地は、さまざまな動植物の宝庫であり、湿地に依存している鳥も多くいます。

コサギ 留鳥で、繁殖期には背中にミノのような毛があり、美しい鳥です。近年、田んぼなどで農薬の使用が減ったために数がふえています。

コサギ

バン 留鳥で、ハト大の鳥です。くちばしの上の額板が赤いのが特徴です。額板の白いオオバンは、近年県内での確認数がふえてきています。

バン

アオサギ 留鳥で、サギの仲間ではもっとも大きい鳥です。魚やカエルなどを食べます。よくツルとまちがえられます。

アオサギ

オオヨシキリ 夏鳥で、スズメ大の鳥です。アシの穂先で「ギョギョシ、ギョギョシ」とさえずります。アシの間にコップ状の巣をつくります。

オオヨシキリ

カルガモ 留鳥で、カラス大の鳥です。県内で繁殖するカモで、湿地や田んぼで巣をつくり、たくさんのひなを連れた姿をよく見かけます。

カルガモ

ケリ 留鳥で、ハト大の鳥です。田のあぜなどに巣をつくります。ほかの鳥や人が近づくと、「キリ、キリ、キリ」と鳴きながら、巣やヒナを守るため攻撃してきます。

ケリ

タマシギ 一部が留鳥で、ムクドリ大の鳥です。田んぼやハス田で繁殖します。オスが抱卵し、子育てをする習性があります。

タマシギ

ヨシゴイ 夏鳥で、小型のサギです。アシの間で首をのばしてじっとしている（擬態）と、まったく見つけだすことができません。

ヨシゴイ

アオアシシギ 旅鳥で、ハト大の足の長いスマートな鳥です。春と秋に湿地に立ちよります。

アオアシシギ

149

湖沼の鳥　浜名湖のような大きな湖から、小さな池まで、県内には多くの湖沼があります。そこは、鳥たちにとってたいせつな生息場所となっています。ただ、これらの湖沼も家庭排水などで汚染されつつあり、鳥にとっては大問題です。ただ、カワセミやサギ類は最近復活してきていて、カワウなどはふえすぎて漁業への被害が問題となっています。

カワセミ　留鳥で、スズメ大の鳥です。水面を矢のように飛び、水中に飛びこんで魚などを捕まえます。近年、都市部の池でも見られるようになりました。

カワセミ　　©飯塚久志

カイツブリ　留鳥で、ムクドリ大の鳥です。水中にもぐり魚などをとります。アシや水草で、水上に浮く巣をつくります。

カイツブリ

カモの仲間　冬鳥で、秋に北から渡ってきて、湖や池、河口などで冬を越します。県内では、今まで23種のカモの仲間が確認されています。

カモの群れ

マガモ

ヒドリガモ

河口の鳥 大きな川の河口には広い川原や干潟があり、渡り鳥の絶好の休息地となっています。県内では、富士川、安倍川、大井川、天竜川などの河口がその代表で、それらの河口では多くの野鳥が確認されています。

コアジサシ 夏鳥で、ムクドリ大の鳥です。川の中州の砂利の上に、集団で繁殖します。近年、繁殖適地が減って、全国的に数が少なくなっています。

コアジサシ　　　　　©飯塚久志

チュウシャクシギ 旅鳥で、カラス大の鳥です。春と秋の渡りの途中に県内に立ち寄ります。長くて曲がったくちばしで、ゴカイ類や虫を捕まえます。

チュウシャクシギ　　©飯塚久志

シロチドリ 旅鳥ですが一部は留鳥で、スズメ大の鳥です。県内で繁殖もしていて、越冬時には小さな群れで見ることもあります。

シロチドリ

ミサゴ 基本的には冬鳥で、トビ大の鳥です。ボラなどの魚を、空中から水中に飛びこんで捕まえます。以前よりも、確認される数はふえてきています。

ミサゴ

ハヤブサ 冬鳥で、カラス大の鳥です。河口に集まる鳥をねらって、猛禽類の鳥も集まってきます。ハヤブサのほかにも、オジロワシなどが飛来することもあります。

ハヤブサ

カモの仲間 冬に、河口はカモたちの絶好の休息場所となり、たくさんのカモが集まってきます。カモたちは昼間休んで、夜の間に餌をとりにでかけます。

カモの群れ

カモの飛翔

カモメの仲間 冬に、何千羽ものカモメたちが集まることがあります。ウミネコやセグロカモメ、カモメ、ユリカモメなど、いろいろな種類のカモメがまざって群れをつくります。

カモメの群れ

ユリカモメ

セグロカモメ

海岸の鳥　海岸線の長い静岡県は、海にすむ鳥も多くいます。とくに、回遊するミズナギドリ類は、時期により大群で見られます。台風のあとなどには、珍しい海鳥が内陸でも発見されることがあります。また、最近では海に漂っているプラスチックの小片を食べて死ぬ鳥もいます。

イソヒヨドリ　留鳥で、ムクドリ大の鳥です。海岸の岩や崖にすみますが、最近では海に近い市街地のビルにすむこともあります。メスはオスにくらべて、地味な色をしています。

イソヒヨドリ

クロサギ　留鳥で、海岸の岩礁にすみ、魚や小動物を餌にしています。名前のとおり、黒い色をしています。白いタイプもいますが、県内では見られていません。

クロサギ

ウミウ　留鳥で、トビ大の鳥です。河口や消波ブロックの上で、翼を広げて乾かす姿が見られます。近い種類のカワウは、最近数がふえて、川の上流でも見ることがあります。

ウミウ

ハシボソミズナギドリ　旅鳥で、ハト大の鳥です。繁殖のため以外には地上におりず、海上を回遊します。

ハシボソミズナギドリ　©飯塚久志

バードウォッチングを楽しもう！

野外に出て、そこに現れる鳥たちの名前がわかったら、楽しみも倍になります。7～8倍の双眼鏡と野鳥の図鑑があれば、どこでも鳥が楽しめます。野鳥を驚かさないように、いつもやさしい気持ちで観察しましょう。静岡県内のバードウォッチングのできる場所を以下に紹介します。

伊豆半島

爪木崎：コゲラやシジュウカラなどと、海岸のウやカモメ類が見られます。

天城山：八丁池を中心とした地域で、オオルリ、キビタキ、コマドリなど夏鳥のいる季節が絶好です。

富士山周辺

愛鷹山：春から初夏にかけて、水神社付近ではミソサザイやクロツグミの声が聞こえます。

浮島沼：湿地の鳥として、ケリやサギ、旅鳥のシギチドリ類。埋め立てのため、年々湿地が減っています。

御殿場高原：水土野や須走の周辺。樹林帯ではキビタキやアカゲラなどが見られます。須走は、わが国の探鳥会発祥の地です。大野原では、高原のコヨシキリやノビタキなどが見られます。

富士山五合目：御殿場口や須走口の新五合目。高山と亜高山の鳥のビンズイ、イワヒバリ、ホシガラス、ルリビタキなどが見られます。

富士山西臼塚：カラ類や大型ツグミ類、コルリなどが見られます。

富士川河口

晩秋から冬にかけては、冬鳥の小鳥が見れます。

朝霧高原：夏には、高原の鳥のホオアカ、オオジシギ、ノビタキ、アカモズ、カッコウなどが見られます。

中部地域

富士川河口：冬が探鳥のベストシーズンで、カモやカモメ類が見られます。春や秋は、旅鳥のシギやチドリ類など、夏はアジサシ類が見られます。

日本平周辺：アオゲラやメジロなどの留鳥や冬にはシロハラやシメなどが見られます。日本平動物園の池には、サギやカモ類が飛来します。

麻機沼遊水地　©伴野正志

県民の森：ブナ林に囲まれ初夏が最適。ゴジュウカラやルリビタキなどが見られます。冬にはベニマシコなどの小鳥に会えます。

麻機沼遊水地：湿地帯で、カワセミやバンなどの留鳥と、冬にはカモ類が多く見られます。

大井川河口：大井川町側には野鳥園が整備されています。冬には、カモ、カモメ類、猛禽類が見られます。

御前崎：灯台前の岩礁に、クロサギやカンムリカイツブリ、カモメ類などが見られ、年により冬にコクガンやノリカモが見られます。

西部地域

桶ヶ谷沼：磐田原台地の南東にある淡水沼。冬にカモ類と小鳥類が見られます。鳥だけでなくトンボ類が多いのも有名です。

天竜川河口：冬にはカモメ類、ワシタカ類、カモ類と、秋には小鳥類やタカ類の渡りが見られます。冬にはオジロワシも見られます。

磐田市大池：磐田市南部の灌漑用の池。水を落としている時期は内陸干潟となり、シギチドリの仲間が集まります。アシ原はツバメのねぐらとなっています。

岩岳山：春野町にあり、ヤシオツツジの群落で有名。留鳥としてカラ類、夏鳥としてコルリやコマドリなどがいます。

県立森林公園：浜北市の北にあり、野外活動の場としても利用されています。冬はおもにカラ類やツグミ類が、初夏には小鳥のさえずりが楽しめます。

浜名湖：県内最大の湖で、冬のカモ渡来数も最大。ホシハジロやヒドリガモ、キンクロハジロなどが見られます。

浜名湖

（文：三宅　隆　写真：小池正明）

哺乳類

　日本国内では、陸生の哺乳類は約100種類が確認されていて、そのうち、北海道と奄美沖縄地域をのぞく地域で確認されている哺乳類は65種です。そのうち、静岡県内では49種が確認されています。

イタチ　　　　　　　　　　　　　　　　　　　　　　© 良知正志

哺乳動物の体の計測

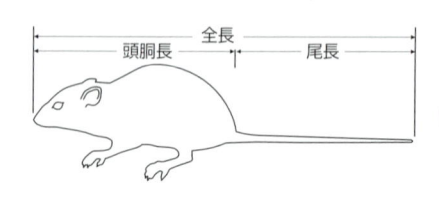

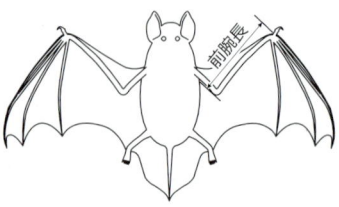

静岡県にすむ哺乳類

近年、温暖化による積雪量の減少によりシカやカモシカの分布の拡大、里山などの荒廃によるイノシシの増加、生息地の開発と狩猟によるツキノワグマの減少、原生林の伐採などによる樹洞性コウモリの減少など、哺乳動物の分布や生息数にはさまざまな変化が見られます。さらに、ペットの野生化など外国からの帰化動物も、ヌートリア、ハクビシン、アライグマ、タイワンリスなど、その分布は拡大していて、もとからいた動物にとって脅威となりつつあります。

モグラ目（食虫目）

地中生活をして、おもに夜行性の小型哺乳類。餌は昆虫やミミズ、クモ類などです。県内では、トガリネズミ科としてアズミトガリネズミ、トガリネズミ、カワネズミ、ジネズミの4種。モグラ科としてヒメヒミズ、ヒミズ、ミズラモグラ、アズマモグラ、コウベモグラの5種が確認されています。

アズミトガリネズミ　頭胴長50〜66mm、尾長48〜51mm、体重4.5g前後。亜高山の針葉樹林帯から高山帯にすみます。今まで、南アルプス奥地で数個体が確認されているだけです。

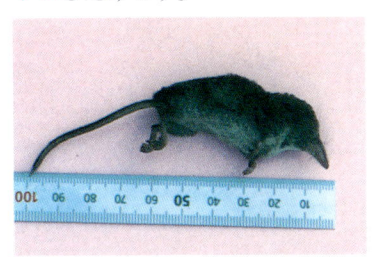

トガリネズミ　頭胴長48〜78mm、尾長39〜55mm、体重3〜13.5g。高山の森林や低木林などの落葉層や腐植層の中にすみ、県内では、富士山と南アルプス周辺でのみ確認されています。

カワネズミ　頭胴長103〜133mm、尾長94〜105mm、体重24〜56g。水の中にすむことに適応した大形のトガリネズミ。山間の渓流にすみ、小魚や水生昆虫などを食べます。県内でも渓流に分布すると思われますが、南アルプスの奥地などで捕獲された例があるだけです。ダムや河川のよごれで数が少なくなったと考えられます。

トガリネズミ　　　©大場孝裕　　カワネズミ

ジネズミ　頭胴長61〜84mm、尾長39〜60mm、体重5〜12.5g。低地の川のそばや水辺、低山帯の低木林にすみます。県内でも広く分布すると思われますが、確認例はそれほど多くありません。

ヒメヒミズ　頭胴長70〜84mm、尾長32〜44mm、体重8〜14.5g。とても小さなモグラで、高い山地にすみ、県内では富士山や南アルプス地域で確認されています。

ヒミズ　頭胴長89〜104mm、尾長27〜38mm、体重14.5〜25.5g。ヒメヒミズより比較的低地にすんでいます。

ミズラモグラ　頭胴長80〜106.5mm、尾長20〜26mm、体重26〜35.5g。小型の真正モグラで低山帯から高山帯の森林に生息しますが、数は少なく、県内でも確認は2例だけです。

アズマモグラ　頭胴長121〜159mm、尾長14〜22mm、体重48〜127g。富士山の溶岩地帯をはさんで東京側と伊豆に生息します。

コウベモグラ　頭胴長125〜185mm、尾長14.5〜27mm、体重48.5〜175g。県内では中部と西部地域に分布します。

コウモリ目（翼手目）

　日本産コウモリは33種が知られていますが、県内では13種が確認されているにすぎません。県内にコウモリの研究者がいないこともありますが、とくに樹洞性のコウモリの確認が少なく、森林伐採にともなう生息地の減少により、人知れず絶滅している可能性もあります。この仲間は、今後の調査をすることにより確認種が増加すると思われます。

キクガシラコウモリ　前腕長56〜65mm、頭胴長63〜82mm、尾長28〜45mm、体重17〜35g。洞窟性のコウモリで、県内でも伊豆の石採掘跡や富士の溶岩洞窟、西部の洞窟などで見られますが、コキクガシラコウモリにくらべて数は少ないようです。

アズマモグラ　　　©土屋公幸

キクガシラコウモリ

コキクガシラコウモリ　前腕長36〜44mm、頭胴長35〜50mm、尾長16〜26mm、体重4.5〜9g。洞窟性のコウモリで、キクガシラコウモリと同じような洞窟に群れですんでいます。

コキクガシラコウモリの群れ

モモジロコウモリ　前腕長34〜41mm、頭胴長44〜63mm、尾長32〜45mm、体重5.5〜11g。洞窟性のコウモリで、ほかのコウモリとまざって群れをつくることがあります。

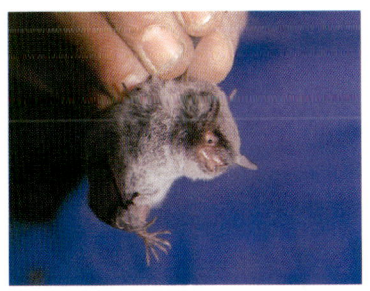

モモジロコウモリ

ヒメホオヒゲコウモリ　前腕長33〜36mm、頭胴長42〜51mm、尾長31〜40mm、体重4〜7g。樹洞性のコウモリで、南アルプスでは亜種のシナノホオヒゲコウモリ、富士山ではフジホオヒゲコウモリが確認されています。フジホオヒゲコウモリは別種にされる場合があります。

ヒメホオヒゲコウモリ

カグヤコウモリ　前腕長36〜41mm、頭胴長44〜56mm、尾長38〜47mm、体重5.5〜11g。樹洞性のコウモリで、県内での捕獲例は南アルプスで1例だけです。

アブラコウモリ　前腕長30〜37mm、頭胴長41〜60mm、尾長29〜45mm、体重5〜10g。街中の家屋をすみかとし、もっとも人目につきやすいコウモリです。

アブラコウモリ　©土屋公幸

ヤマコウモリ 前腕長57〜66mm、頭胴長89〜113mm、尾長51〜67mm、体重35〜60g。樹洞性のコウモリで、県内のコウモリでは最大です。神社などの大木の樹洞にもいると思われますが、捕獲例は1例だけです。

ヒナコウモリ 前腕長47〜54mm、頭胴長68〜80mm、尾長35〜50mm、体重14〜30g。樹洞性のコウモリですが、家屋なども利用してすみかとします。県内での確認は1例だけです。

チチブコウモリ 前腕長39〜44mm、頭胴長50〜63mm、尾長43〜54mm、体重8〜12g。本州では個体数は少なく、県内でも1例の確認があるだけです。

ウサギコウモリ 前腕長40〜45mm、頭胴長42〜58mm、尾長42〜55mm、体重5〜13g。樹洞や家屋を利用してすみかとします。耳が大きく、富士山や南アルプス周辺で確認されています。

ウサギコウモリ

ユビナガコウモリ 前腕長45〜51mm、頭胴長59〜69mm、尾長51〜57mm、体重10〜17g。洞窟性のコウモリで、伊豆の石採掘跡で確認されています。

ユビナガコウモリ　©小長谷尚弘

テングコウモリ 前腕長41〜46mm、頭胴長59〜73mm、尾長36〜47mm、体重9〜15g。樹洞や洞窟にすみますが、数は少ないと思われます。

コテングコウモリ 前腕長29〜33mm、頭胴長41〜54mm、尾長26〜33mm、体重4〜6g。樹洞や洞穴や家屋でも見つかりますが、数は少ないと思われます。

コテングコウモリ

サル目（霊長目）

　県内には、**ニホンザル**が生息します。おもに山林にすみますが、人里付近にも出没し、近年、農作物の被害が増大しています。西伊豆の波勝崎では餌付けされていて、観光地となっています。伊豆の個体群は生息域が分断されて、個体群の中の多様性が少なくなることが危惧されています。農作物の被害対策に対しても解決策がなく、その対応が待たれています。

木の皮を食べるニホンザル　©小池正明

ウサギ目（兎目）

　市街地をのぞくほぼ県内全域に、ノウサギの亜種にあたるキュウシュウノウサギが生息します。静岡では、冬でも毛の色は白くならず、茶色のままです。夜行性で植物の葉、芽、枝、樹皮を食べます。頭胴長43〜54cm、尾長2〜5cm、体重1.3〜2.5kg。

ネズミ目（齧歯目）

　県内では、リス科のニホンリス、ホンドモモンガ、ムササビ、ヤマネ科のヤマネ、ネズミ科のスミスネズミ、ヤチネズミ、ハタネズミ、カヤネズミ、ヒメネズミ、アカネズミ、ドブネズミ、クマネズミ、ハツカネズミが確認されています。ドブネズミ、クマネズミ、ハツカネズミの3種は、ふつうイエネズミと呼ばれ、人家近くにすんでいます。

ニホンリス　頭胴長16〜22cm、尾長14〜17cm、体重250〜310g。低山帯のマツ林に多くすんでいて、昼間おもに樹上で行動します。

ノウサギ

ニホンリス　©小池正明

ホンドモモンガ 頭胴長14〜20cm、尾長10〜14cm、体重150〜220g。山地帯から亜高山帯の森林にすんでいます。夜行性で、皮膜を使って滑空します。確認例はあまり多くありません。

ホンドモモンガ

ムササビ 頭胴長27〜49cm、尾長28〜41cm、体重700〜1500g。低山帯から亜高山帯にすんでいますが、大木のある神社や寺でも見かけます。夜行性で、皮膜を使って滑空します。静岡県ではバンドリと呼ばれたりします。

ムササビ ©小池正明

ヤマネ 頭胴長68〜84mm、尾長44〜54mm、体重14〜40g。山地帯から亜高山帯の森林にすんでいます。夜行性で、冬は樹洞などで冬眠します。天然記念物に指定されていて、確認例は多くありませんが、伊豆下田の市街地近くでも確認されています。

ヤマネ ©大場孝裕

スミスネズミ 頭胴長70〜115mm、尾長30〜50mm、体重20〜35g。低地から高山帯の森林にすんでいます。

ヤチネズミ 頭胴長79〜118mm、尾長50〜77mm、体重19〜42g。スミスネズミに似ています。

ハタネズミ 頭胴長95〜136mm、尾長29〜50mm、体重19〜42g。低地から高山帯まで幅広く分布します。近年、確認例が少なくなりました。

カヤネズミ 頭胴長50〜80mm、尾長61〜83mm、体重7〜14g。いつもは低地の草地や湿地にすんで、草で鳥の巣のような球形の巣をつくります。湿地が少なくなったことから、数も少なくなっています。

カヤネズミ　　　　　　　©伴野正志

ヒメネズミ　頭胴長65〜100mm、尾長70〜110 mm、体重10〜20g。低地から高山帯まで分布します。

ヒメネズミ

アカネズミ　頭胴長80〜140mm、尾長70〜110 mm、体重20〜60g。低地から高山帯まで分布します。

ネコ目（食肉目）

　県内では、クマ科のツキノワグマ、イヌ科のキツネ、タヌキ、イタチ科のテン、イタチ、オコジョ、アナグマ、ジャコウネコ科のハクビシンが確認されています。

ツキノワグマ　頭胴長120〜145cm、体重70〜120kg。ブナなどの落葉広葉樹林を中心に生息します。雑食性で、若芽やドングリなどの木の実、昆虫類などを食べます。冬は樹洞や岩穴を利用して冬眠します。県内では、富士山や南アルプス地域とその前衛の山地に生息します。森林伐採や有害駆除などにより、生息数が減少しています。

ツキノワグマ　　　　　　©大場孝裕

キツネ　頭胴長60〜75cm、尾長40cm、体重4〜7kg。低地から高山帯まで県内でも広く分布します。ノネズミや鳥類、大型昆虫などを食べます。

キツネ　　　　　　　　©鈴木洋一

タヌキ　頭胴長50〜60cm、尾長15cm、体重3〜5kg。市街地周辺から山地まで、広く分布します。最近、皮膚病にかかったタヌキをよく見かけます。

タヌキ　©小池正明

テン　頭胴長45cm、尾長19cm、体重1.1〜1.5kg。森林を生息地とします。夜行性で、樹上で生活することが多く、ネズミなどの小型脊椎動物のほか、昆虫や果実類なども食べます。

テン　©大場孝裕

イタチ　オスは頭胴長27〜37cm、尾長12〜16cm。メスはオスにくらべてずっと小さく、2/3から1/2くらいです。小型の肉食獣で県内に広く分布し、小型の哺乳類や魚、昆虫などを主食とします。県内ではまだ確認例はありませんが、西部から帰化動物のチョウセンイタチの侵入があります。

オコジョ　オスは頭胴長18cm、尾長6cm、体重100g。メスはオスにくらべて小さい体です。高山にすんでいて、富士山や南アルプス地域で見られ、標高2,000mくらいの山地でも見られることもあります。冬には尾の先をのぞいて白色になります。

アナグマ　頭胴長51cm、尾長14cm、体重2kg。山地から里山などの森林や灌木林にすんでいます。夜行性で雑食性。県内にも広く分布すると思われますが、生息数はあまり多くないと考えられます。静岡県では、マミとかササグマと呼ばれます。

ハクビシン　頭胴長61cm、尾長40cm、体重3kg。帰化動物で、静岡県では1943年（昭和18年）に発見されています。人家に近いところにすんでいて、木登りも得意です。果実や昆虫、小動物などを食べます。分布範囲も広がっていて、

ハクビシン

県特産のミカンや果物などに食害が出て問題となっています。

ウシ目（偶蹄目）

県内では、イノシシ科のイノシシ、シカ科のニホンジカ、ウシ科のカモシカの3種が生息します。

イノシシ　頭胴長110～160cm、体重50～150kg。山地の農耕地や平野部に生息します。雑食性で、根茎や果実、地中の昆虫、ミミズなどを食べます。伊豆をふくめて広く分布しています。

ニホンジカ　©小池正明

イノシシ

ニホンジカ　頭胴長90～190cm、体重50～130kg。メスはオスにくらべて小さい体です。静岡県には、ホンシュウジカがいます。広葉樹林帯の森林にすみ、ササ類や木の葉、イネ科草本などを食べます。近年、数が増加し、伊豆や富士山、中部地域などでその食害が問題となっています。

カモシカ　頭胴長70～85cm、体重30～45kg。むかしは高山の珍獣というイメージでしたが、近年は数が増加し、低い山でもよく見かけるようになってきました。県内では、富士山と中部地域の標高1,000mくらいまでの山地にすんでいます。

カモシカ　©伊久美　隆

夏毛のカモシカ　©伊久美　隆

けもの道の動物たち

　日本にすむ哺乳類は、そのほとんどが夜行性で、とても警戒心が強いので、なかなかその姿を見ることはできません。そこで、赤外線に反応して写真がとれる自動撮影装置を、動物がよく通る「けもの道」に設置し、どんな動物がいるかを調査します。下の写真は水窪の林道でこのようにしてとった写真で、季節と時間によって、さまざまな動物が同じ道を利用しているのがわかります。

イノシシ　©大場孝裕

キツネ　©大場孝裕

テン　©大場孝裕

ニホンジカのオス　©大場孝裕

ノウサギ　©大場孝裕

アナグマ　©大場孝裕

アニマルウォッチング

　日本にすむ哺乳類は警戒心が強く、夜行性のものが多いので、その姿を直接見ることがなかなかできません。そこで、どんな動物がその地域にいるのか、動物がつけた足跡や食痕、ふんなどから調べます。

目撃　直接、肉眼や双眼鏡で観察します。昼行性のカモシカやニホンリス、サルなどはよく現れる場所にいって、じっと待っていれば、見ることができるかもしれません。夜行性の動物でも、たとえば、アブラコウモリは市街地の川辺や池で見ることができます。ムササビなども大木のある寺社などで見ることができます。ただし、彼らを驚かさないように、赤いセロファンをかぶせた懐中電灯が必要です。

足跡　湿った土や砂、雪の上などについた足跡を観察して、その特徴からどんな動物かを調べます。

タヌキの足跡　　カモシカの足跡

ノウサギの足跡　　イタチの足跡
（雪上）

ふん　ふんも、その大きさや形、内容物、ふんをしている場所などでおおよそその動物がわかります。

カモシカのふん　　キツネのふん

ハクビシンのふん　イノシシのふん

痕跡　果実や、木の葉と幹などを食べた痕跡や爪跡、また残っている毛などから、その動物がわかる場合があります。

ハクビシンの爪跡　ノウサギの食痕

動物に出会えそうな場所

　哺乳類の観察には、場所と運と偶然性が必要です。あとはじっくりと待つ忍耐も重要です。動物と出会えたら、驚かさないようにそっと観察してください。ここでは、県内で比較的動物に出会えそうな場所を紹介します。

伊豆天城山周辺：八丁池にいく寒天林道や尾根筋を歩いていると、シカに出会うことがあります。とくに早朝や、霧の出ているときは、すぐそばにいることもあります。

富士山周辺：富士宮の西臼塚周辺の植林地や雑木林ではシカが、表富士周遊道の四〜五合目付近では道路ぞいにときとしてカモシカが現れます。富士山周辺には、溶岩洞窟も多く、その中にはコウモリが生息していることもあります。しかし、洞窟に入るには注意が必要です。須走口登山道方面もカモシカやシカは多くいます。

富士山で出会ったカモシカ　©大場孝裕

梅ヶ島：梅ヶ島温泉から安倍峠へいく林道ぞいでカモシカが見られます。ときにはサルに出会うこともあります。冬歩くと雪の上にキツネやウサギの足跡も見られます。

南アルプス：畑薙ダムから上流の椹島や二軒小屋への道では、ガレ場にカモシカが、登山しながらの森林内ではシカが、さらに森林限界の上ではオコジョが見られることがあります。運がよければ、キツネやテンとも遭遇できます。

中川根：尾呂久保から山犬の段の林道ぞいでカモシカをよく見ます。

寸又峡：寸又峡温泉から夢の吊り橋への道沿いあたりで、対岸の崖にカモシカが見られることがあります。このあたりにはサルも多くいます。

水窪：水窪の山住峠にある「カモシカと森の体験館」では森の動物のことも学べて、その周辺はカモシカ観察の好適地です。

富士山麓のニホンジカ

動物との共存をめざして

　動物による被害が深刻化するにつれ、その防除対策の必要性がさけばれています。しかし、これといった効果的な対策はないのが現状です。しかし、動物がたくさんいることは自然の豊かさの証拠であり、動物の分布調査などを行い、その道を探る努力が必要です。

動物による農林業被害　最近、動物による野菜や果物の農作物被害や、植林したスギやヒノキの苗木の食害などが、大きな社会問題となってきています。おもな害をあたえている動物をあげます。

サル：果物や野菜に被害をあたえることもありますが、県下ではシイタケの被害が多いようです。

クマの皮剥ぎ 　　　カモシカの食痕

クマ：大きくなったヒノキの皮をはぐ、いわゆるクマ剥ぎによる被害。クマ剥ぎにあった木は枯れることが多く、この原因はまだよくわかっていません。

ノウサギ：植林した幼木を鋭い歯でスパッと切ったり、皮をはいだりします。

イノシシ：土を掘りおこし、サツマイモやヤマイモなどを食べる農作物への被害があります。

タイワンリス：帰化動物として、浜松と東伊豆でふえています。電話線をかじったり、果物の食害などで、東伊豆の河津周辺では問題となっています。

ハクビシン：果実、とくにミカンやモモ、カキ、ブドウなどへの食害があります。

ハクビシンの食べ跡 　カモシカの食害

シカやカモシカ：おもに、植林した幼木への食害。シカについては、樹皮の剥皮。伊豆ではワサビ田に踏み込む害などがあります。

被害の原因：これら農林業被害の以外にも、市街地では、動物が住宅に入ってくる（コウモリ、ハクビシンなど）などがあります。こ

れらの被害の原因としては、
1. 奥山伐採による餌の不足。
2. 開発などによる人の侵出。
3. 動物保護による数の増加により生息地の拡大。
4. 狩猟圧の減少による数の増加。
5. 農林業従事者の高齢化、過疎化などによる防除体制の減退。
6. 安易な餌付けの弊害。
7. 安易なペットの放獣。

など、いろいろと考えられますが、いずれにしても、すべてその原因の発端は人であり、その対応にはやはり人の知恵をしぼる必要があります。

シカとカモシカの食害防除　シカやカモシカによる食害については、植林地の周囲を金網のフェンスで囲ったり、忌避剤を木に塗布したりして防除する方法をとっています。しかし被害面積が多いため、1996年（平成8年）度から銃による捕獲も被害地域に限って頭数を決めて許可されています。また、幼木1本1本にポリネットをかぶせるという方法で、食害防除を実践している「カモシカの会静岡」というボランティア団体もあります。

動物の保護と管理　サルの場合は、移動が平面だけでないため、防除もむずかしいのですが、捕獲したサルに無線機をとりつけて、畑に近づいたら追いはらうという方法も試みられています。いずれにしても、今後の鳥獣対策は保護と管理の両側面から検討する必要があります。適正な保護と管理をするためにも、生息数や分布、被害状況などのきちんとした調査が必要不可欠です。

自然豊かな静岡県の象徴　動物たちはものをいえませんが、この自然豊かな静岡県の象徴でもあり、それは未来への財産ともいえます。これらの動物たちとの共存には課題は多くありますが、その道を探る努力が今、私たちに求められているように思えます。

ポリネットをかぶせた木

ポリネット作業のようす

（三宅　隆）

生活と自然

　昭和30年代にはじまった高度経済成長と列島改造論は、日本の自然環境を大きく変化させました。そして、そこに生活していた生きものにも大きな変化が生じ、あるものは絶滅し、あるものは絶滅の危機に遭遇しています。そこで、人が大きく変化させた環境とそこに生息・生育していた生きものについて、具体的に見ていくことにしましょう。

里山の自然　浜岡町須々木　　　　　　　　　　　　　　　　©森　繁雄

里山の自然　裏山に雑木林があり、農家の前に水田が広がっている風景は、私たちの原風景としていつまでも心に残っているものです。水田や農家の屋敷林、それをとり囲む雑木林が一帯となって形づくっている里山という生態系は、多くの生きものたちの格好のすみかでもありました。今や里山の自然は失われようとしています。里山は今までの人と自然の共存の形でしたが、これからの自然との共存はどのようなものにしていかなくてはならないのでしょうか。

海岸 海岸は地下水の塩分濃度が高く、風も強く、植物にとってはきびしい生育環境ですが、その環境に耐えて生育する植物もあります。ハマヒルガオやコウボウムギ、ケカモノハシなどは砂地に適応した植物であり、シバナは泥地を生活の場にする植物です。

このような植物の生育環境も、埋め立てや河口域の護岸工事などによって少なくなりました。シバナは海岸の埋め立てで今ではほとんど姿を消してしまいました。

コゴメヤナギの河畔林

海岸浸食と人工構造物　©佐藤　武

河原 静岡県の大きな河川は急流のものが多く、安倍川、大井川、天竜川などは河口まで砂礫の河原となっています。その河原には、コゴメヤナギやカワヤナギの優占する河畔林やアシなどが優占する草本群落があります。

また、大水で裸地化した砂地には、カワラハハコやカワラニガナ、帰化植物のムシトリナデシコやメマツヨイグサなどが大群落をつくり、白やピンク、黄色と河原に色どりをそえていました。

河原の植物群落も現在では、護岸工事や運動広場の造成などで減少しています。また、安倍川にはカワラノギクというキク科植物が生育していましたが、砂利採取などで河原を攪乱したため、今では見られなくなってしまいました。

湖沼 静岡県では自然の湖沼はほとんどありませんが、灌漑用につくられた溜め池は平野部に数多くありました。そこは、水生生物の貴重な生息地となっていましたが、農地の減少や農業用水路の敷設、井戸からの給水などで用がなくなり、多くは埋め立てられてしまいました。

また、佐鳴湖のように、周辺部からの生活雑排水で汚染され、生物の生息環境としては最悪の状態になっているものもあります。

さらに、灌漑用溜め池では、周辺の茶畑に大量にまかれた化学肥料による酸性化が問題になっているものもあります。

最近では、フライフィッシングの流行で、オオクチバスやブルーギルを密放流するため、これらの魚による生態系の破壊も問題になっています。フライフィッシングでは水生生物だけでなく、すてられた釣り糸で水鳥の生命を危険におとしいれています。

魚釣りの邪魔になるという理由から、水生植物を除去してしまった例もあります。川根町の野守の池では、ヘラブナ釣りの邪魔になるとソウギョを放流したため、今でも水生植物が生育できない状態がつづいています。

水生植物観察やバードウォッチング、昆虫採集も湖沼を使ったレクリエーションのひとつであり、釣りと自然観察がうまく共存できる方法を考えるべきでしょう。

湿原　静岡県には、尾瀬ヶ原のような寒冷のところにある高層湿原はなく、すべてが温暖な気候下にある低層湿原といわれるものです。それらの湿原の多くは、水田として利用されてきましたが、そこはさまざまな湿生植物の宝庫でした。

静岡市の麻機遊水地や沼津市から富士市へまたがって広がっていた浮島沼、浜松市の四ツ池などは代表的な湿生植物の生育地でした。

浮島沼は、海抜数メートルのところにありながら、現在では寒冷なところに多く見られるミツガシワやミズバショウがはえています。それらは氷河時代からの生き残りです。また、ムラサキ科のナヨナヨワスレナグサは日本ではここにしか見られません。カヤツリグサ科のオニナルコスゲは伊豆半島の一碧湖畔で発見されるまで、ここが日本の南限の生育地でした。

しかし、それらの湿原も埋め立てや遊水地の造成などによって、生物の生息環境が大きく変化しています。

ノウルシの咲く浮島沼の湿原

水田　水田は人がつくったイネを育てる場所ですが、生物の貴重な生息地でもあります。弥生時代からつづいてきた水田には、その環境をうまく使って繁殖をつづけて

きた多くの生物がいました。

しかし、殺虫剤や除草剤、殺菌剤などの農薬を大量に使用したことによって、ミズスマシやミズカマキリなどの水生昆虫やタニシも姿を消し、耕地整理による乾田化により、ニホンアカガエルのように春先まで残っていた水たまりに卵を産み、繁殖をつづけてきた生物も姿を消してしまいました。

トンボの名は田んぼに由来するという説もあるように、アキアカネは水田環境によく適応して大繁殖をしてきました。イネ刈りが終わった水田に産卵し、湿った土の中で冬をすごし、春に水が満ちると孵化するという生活をしていました。しかし、この生活も乾田化によりできなくなってしまいます。

コンクリートでできた田んぼの水路

水田の水路もコンクリート化され、イネが育っていないときには水は流れていません。また、田んぼと水路との落差が大きくなって、川と田んぼの間を行き来して繁殖するような魚は繁殖の場を失ってしまいました。コンクリートの水路は外来生物であるジャンボタニシにとっては最適な産卵場であるため、静岡市周辺では急速に繁殖し、イネに被害をあたえています。

草原 静岡県では富士山周辺や箱根山麓、伊豆半島に広大なススキ草原が広がっていました。そこは家畜の餌や敷わら、さらにカヤブキ屋根の材料をえるためのものでした。そこには、草原特有の植物や昆虫などが見られました。

しかし、今では農家も牛や馬を飼わなくなり、カヤブキ屋根もなくなったため、カヤ刈り場としての草原は必要なくなり、ほとんどがスギやヒノキの人工林に変わってしまいました。

雨の多い日本では、草原は放置しておくと自然に森林に変化してしまいます。したがって、ススキ草原は草刈りや火入れによって維持されてきました。キスミレは火入れや草刈りによって明るくなったところに芽生えて花を咲かせ、ススキなどの背の高い草がおい茂るころに種子を残し姿を消すという、草原によく適応した植物の代表です。

朝霧高原の草地とカシワの木

　富士山麓の草原にはキスミレのほかに、コウリンカやヒメトラノオ、キスゲ、オミナエシ、モリアザミ、オキナグサなどの美しい花を咲かせる草原性の植物があり、ヒメシロチョウなど草原を生活の場とするチョウが見られました。

　しかし、これらの草原性の植物も草原の放置により姿を消しつつあり、ラン科のアツモリソウは園芸用に採取されて、静岡県ではすでに絶滅してしまったようです。

雑木林　里山の代表的な要素である雑木林とは、堆肥の材料として落ち葉を集め、燃料として炭を焼く、農家の生活にはなくてはならないものでした。

　コナラやクリ、エゴノキ、クヌギなどの落葉樹からなる雑木林の林床（林の中の地面）には、早春、葉が茂る前の明るいうちに花を開き実を結び、葉が茂って林床にとどく光が弱くなるころには姿を消してしまう、雑木林に適応した植物が見られます。カタクリ、キクザキイチゲなどはその代表です。最近めっきり少なくなったキンランやギンランも雑木林の住民でした。

　雑木林もプロパンガスや化学肥料の普及でかえりみられなくなり、スギやヒノキの人工林や、茶畑、ミカン園、宅地に変わってしまいました。残された雑木林も手入れがされなくなり、潅木（かんぼく）が茂り、林床は一年中暗くなって、雑木林にすむ春の妖精たちの多くは絶滅危惧種になってしまいました。

雑木林　©杉野孝雄

人工林　静岡県では山林の約60%がスギやヒノキの人工林となっています。したがって、標高1,000mぐらいまでの森林のほとんどは、1年中葉の色の変わらない常緑の針葉樹林です。

　これらの人工林も、40〜50年で

手入れされていないヒノキの人工林

カモシカの食害からヒノキの若木を守るチューブ

伐採され、そのあとに新しく植栽され、下刈り、間伐などが適度に行われないため、生物の生息地としては最悪の状態になっています。林内は暗くて草もはえず、虫も鳴かず、鳥もさえずらない無生物の世界です。

また奥山まで天然林を伐採して植林したため、カモシカやシカの食害が問題となってきています。カモシカやシカの食害の増加は、植林により一時的に餌となる草が多くなり、繁殖率が増加したことと、植林地がそれらの動物の生息域に拡大していったことが原因のようです。

植えたばかりの苗木の食害を防ぐために、網や光を通すチューブなどをかぶせる方法もとられていますが、カモシカの個体数管理や森林の生態系を多様化させることも必要です。

高山植物　南アルプスには3,000mを超す山々が多くあり、そこには高山植物が咲き乱れています。その高山植物にも、最近いくつかの異変が起きているようです。ひとつは、地球の温暖化の影響で、もうひとつはシカによる食害です。

温暖化は、雪解けを早め、土地を乾燥させます。その結果、お花畑から湿ったところを好む植物が消え、植物群落の構造が変化しています。

シカによる食害は、シカの数の増加と温暖化により、高山での生活期間が長くなったためと考えられています。

食害によって、聖岳にある聖平のニッコウキスゲは絶滅してしまいました。また、センジョウアザミなどの背の高い草の集まりである高茎草本群落もよく食害にあっています。このまま食害がつづく

と、花の美しい高茎草本群落がなくなり、花の目立たないイネ科やカヤツリグサ科の群落に変わってしまいます。

高山植物のお花畑

自然との共存 これまで、人のいとなみと自然の変化を見てきましたが、昭和30年代以前の人の生活の多くは、里山に代表される、人のすむまわりの自然を維持しながら自然から恩恵をえる、自然と共存していく生活でした。

しかし、昭和30年代以降の人の生活様式の変化や自然開発は、それまでの里山の人と自然のしくみに頼らないものだったり、里山の自然を間接的に破壊するものだったために、私たちは私たちのまわりの親しい自然の多くを失い、自然環境の変化によるさまざまな問題に直面することになりました。

私たちのまわりにある自然は、まったくの自然状態の自然というものはほとんどなく、これまでに人が生活してきた中で、自然と共存するために人が変えてきた自然環境そのものです。自然の姿としくみを理解しない自然開発や自然改変は、結果として私たちの生活に損失をあたえます。そして、そのような自然に対する無知の結果は、すみかを失った植物や動物と同じように、私たち自身が生きる場を失うことにもなります。

ひとつの生きものは、自然の中でその生きものだけで生きているわけではなく、生きている場所の自然環境全体がすべてそろって生きていくことができます。そして、その生きもの自身も自然環境の一員として、その自然環境を支えています。

私たちは、自然の中で生活しているために、何も知らずに自然を破壊していることがあります。今、里山の自然は本当に失われようとしていますが、この原因の多くは私たちの生活の変化と人と自然のしくみについての無知がもたらしたものです。

自然の姿やしくみを十分に理解して、どのように自然と共存していくかを考えることが、今、私たちに問われているもっとも大事なことではないでしょうか。

（湯浅保雄・柴　正博）

静岡県に県立自然史博物館を！

　私たちは、静岡県の自然を調査研究し、標本資料を収集保存し、その成果を将来に伝え、教育と生活に役立てるための静岡県立自然史博物館の設置を強く希望しています。

「自然博推進協」主催による自然観察会　静岡市足久保

東西のフロンティア　ふじの国しずおか　フォッサマグナで境する東と西の最前線。そして日本一高い富士山と日本一深い駿河湾。多彩で豊かな静岡県の生物相は、自然の生い立ちをぬきには語れません。豊かな自然は静岡県の財産です。しかし、私たちは日々変化している静岡県の自然について、どれだけのことを知っているでしょうか。これまで、個人の努力で積み上げられてきた静岡県の自然に関する研究資料は、現在散逸の危機にあります。これらの資料が保存され、組織的に静岡県の自然の調査と管理、そして教育が行われるために、できるだけ早く県立自然史博物館が設立されることが必要です。

自然史博物館とは　私たちの考える静岡県立自然史博物館は、静岡県の多様で豊かな自然の現在とそ

の生い立ち、多様な自然と人々とのかかわりについて調査研究（自然史研究）を行って、現在の自然の把握と各種の標本や情報の収集保存（自然管理）をするとともに、積極的な情報公開（自然情報）を行い、静岡県の自然について理解を深める（自然史教育）ための場です。また同時に自然史博物館は、地球や地域の自然を愛し、自然史博物館の活動を支える人たちの活動と交流の場でもあります。すなわち、自然史博物館は自然について学ぶための単なる展示施設ではなく、地域の自然史情報センターとしての機能をもつ研究・教育・交流機関です。

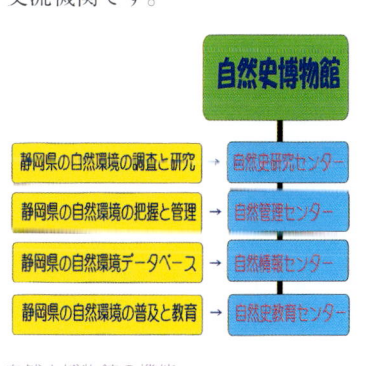

自然史博物館の機能

県立自然史博物館の位置づけ 静岡県立自然史博物館は、県立大学や自然環境部、教育委員会などと強くリンクして、環境行政および環境教育に関する活動に参加できることが望まれます。

静岡県立自然史博物館の組織的位置づけ

自然史博物館の構成 自然環境資料の調査・収集・整理・研究・保存・保管・データベース化・情報提供を行う「資料情報センター」（中核館）と、地域の特性を生かして県内各地に計画的に整備する「地域活動・交流センター」（地域館）で構成し、これらの間を情報ネットで結ぶことを希望しています。地域館の候補地として、伊豆半島、富士山周辺、南アルプス、牧之原、小笠山、浜名湖周辺、駿河湾〜遠州灘、朝霧高原、大仁町狩野川河畔、気多川流域なども考えられます。

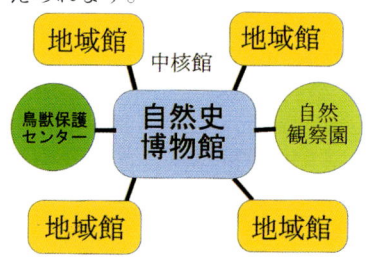

自然史博物館の構成

各施設の機能　中核館の調査研究・情報処理・収蔵管理するための整備は優先して行い、展示・交流・サービス棟や付属施設などを段階的に整備するよう希望します。付属施設については、自然観察園（ビオトープ）と野生鳥獣保護センター、屋外実験・実習施設、簡易宿泊施設などがあります。地域館については、既存の関連施設の活用など自然史博物館の分館としての機能の拡充を段階的に行っていく必要があります。

中核館：　自然環境資料の調査収集する研究センター、データベース化・情報提供・資料収蔵を行う情報センターと自然環境教育センター
地域館：　地域の特性を活かした県下のいくつかの地域に設置する地域活動の交流センター
付属施設：自然観察園（ビオトープ）・野生鳥獣保護センター・野外実験実習施設・簡易宿泊施設・野外駐車場など

各施設の機能

早期設置にむけて　自然史博物館は基本構想の策定から最低6～7年の準備期間が必要なので、専門家・有識者による基本構想検討委員会を設置して基本構想を策定し、資料収集のための調査・研究・情報処理を担当する専門職員（研究職・教育職・技術職）を確保して、博物館設立準備室を速やかに設置する必要があります。そして、収集・保管・情報処理に必要な機能をもった仮資料館を確保し、学識経験者・民間研究団体・環境ボランティアなどの協力のもとに、収集・寄託資料の整理・評価・情報処理（データベース化）を進めることが必要です。

自然博推進協とは　静岡県立自然史博物館設立推進協議会（自然博推進協）は、「静岡県に県立自然史博物館を！」を合言葉に、平成7年5月に結成されました。これまでに取り組んできたおもな活動は、国内の代表的な自然史博物館の視察調査（10館）、自然史博物館関係者による学習講演会（5回）、これらを参考にした県知事あて要望書・提案書の提出（5回）、県企画部との懇談（20回以上）、機関誌「自然推進協通信」の発行（19回）のほか、県企画部による資料調査・資料評価への協力、標本資料展示会「ミニ博物館 静岡県の自然」や野外観察会を開催しました。

ミニ博物館「静岡県の自然」の会場

自然博推進協へご参加を！

　静岡県立自然史博物館設立推進協議会は現在、下記の民間研究団体のほかに、5関連団体と約140名の個人会員が参加しています。自然博推進協では、今後とも静岡県立自然史博物館の設立に努力しますが、より多くの方々のご協力がえられればと思います。また、自然について興味がある方は、自然博推進協または各研究会へご参加ください。

自然博推進協事務局　　　424-0885　　清水市草薙杉道1-9-48　　伊藤方
ホームページ　　　　　　http://www2.wbs.ne.jp/~nature/

日本野鳥の会南伊豆支部	415-0026	下田市下田6-10-2　大隅方
日本野鳥の会静岡支部	420-0816	静岡市沓谷5-4-2
日本野鳥の会遠江支部	438-0072	磐田市鳥之瀬243-2　内山方
日本野鳥の会沼津支部	410-0022	沼津市大岡長者町1767-1　古南方
静岡淡水魚研究会	424-0886	清水市草薙220-61-A201　板井方
静岡昆虫同好会	420-0815	静岡市上沓谷町14-9　諏訪方
静岡甲虫談話会	422-8034	静岡市高松2-7-1　多比良方
静岡植物研究会	422-8017	静岡市大谷3800-70　湯浅方
掛川草の友会	436-0029	掛川市南1-4-18　杉野方
静岡県地学会	422-8529	静岡市大谷836　静岡大学教育学部地学教室気付
地学団体研究会静岡支部	424-8610	清水市折戸3-20-1　東海大学海洋学部海洋資源学科気付
静岡自然観察指導員会	422-8041	静岡市中田2-3-7　山内方
富士宮自然観察の会	418-0035	富士宮市星山85-186　仁藤方
三島自然を守る会	411-0000	三島市緑ヶ丘263-3　大沼方
遠州自然研究会	432-8002	浜松市富塚町919-231　鈴木方
谷津山自然観察会	420-0823	静岡市春日3-3-5　望月方
野路会	437-0035	袋井市砂本町9-14　池田方
静岡木の子の会	426-0066	藤枝市青葉町1-1-11　河村式椎茸研究所内
野鳥保護調査会	427-0087	藤枝市音羽町6-9-10　浜井方
狩野川野鳥の会	410-2303	田方郡大仁町立花2-97　小林方

（柴　正博・伊藤通玄）

自然観察スポット

　静岡県内には自然観察のできる場所がたくさんありますが、ここではその代表的な場所をいくつか紹介します。

1　石廊崎ジャングルパーク周辺（南伊豆町）熱帯植物・海食地形
2　爪木崎（下田市）植物・海岸生物
3　堂ケ島周辺（西伊豆町）海食地形・地質
4　伊豆シャボテン公園周辺（伊東市）植物・火山
5　昭和の森（天城湯ケ島町）昆虫・野鳥
6　柿田川公園（清水町）湧水・淡水生物
7　富士竹類植物園（長泉町）植物
8　御胎内清宏園植物園（御殿場市）溶岩・植物
9　丸火自然公園（富士市）コナラの二次林と溶岩
10　富士山こどもの国（富士市）溶岩
11　田貫湖と小田貫湿原（富士宮市）湿生植物
12　白糸の滝周辺（富士宮市）地質と湧水
13　興津川上黒川（清水市）淡水生物・地質
14　日本平昆虫館周辺（静岡市）昆虫・植物
15　井川県民の森（静岡市）ブナ林・昆虫
16　井川ダム周辺（静岡市）植物・野鳥
17　藤枝市民の森（藤枝市）ビオトープ
18　大井川河口野鳥園（大井川町）野鳥

天竜川

19　御前崎（御前崎町）海岸生物・植物・野鳥
20　小笠山ビジターセンター（大東町）植物・野鳥
21　桶ケ谷沼（磐田市）湿生植物・昆虫・野鳥
22　秋葉ダム周辺（龍山村）地質・植物・動物
23　カモシカと森の体験館（水窪町）動物・野鳥
24　佐久間ダム周辺（佐久間町）地質・植物・野鳥
25　浜北森林公園（浜北市）アカマツ林と湿生植物・昆虫
26　ウォット（舞阪町）浜名湖と都田川の魚
27　浜松市フラワーパーク（浜松市）熱帯植物など
28　奥山自然休養村（引佐町）地質・動物・植物

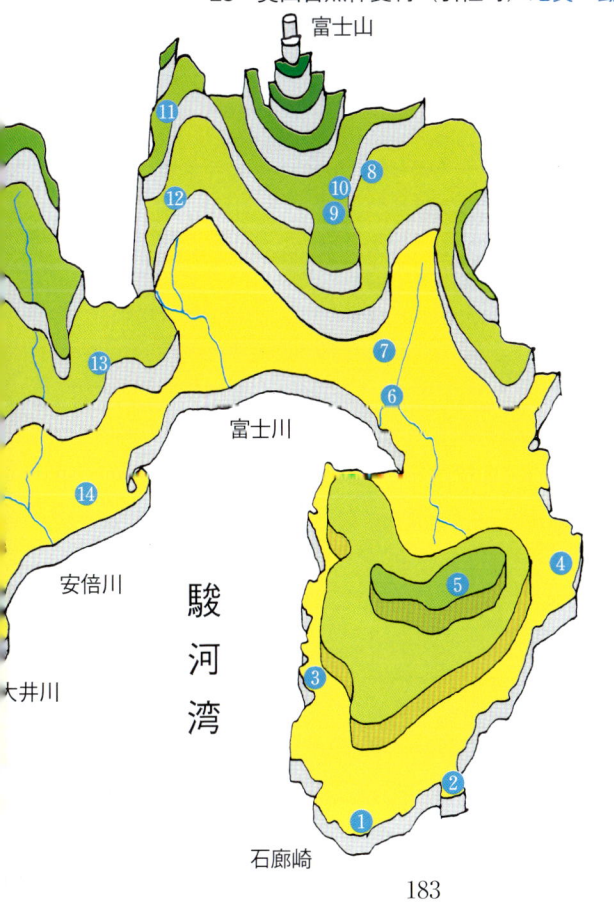

富士山
富士川
安倍川
大井川
駿河湾
石廊崎

自然観察などに参考になる本

　静岡県の自然について、もっとくわしく知りたい人は、以下の本を参考にしてください。このリストには、すでに絶版になった本や市販されていない本なども含まれています。書店や図書館などになければ、自然博推進協の参加団体などに問合わせてみてください。

ふるさとの自然
　伊豆編・東部編・中部編・西部編（各一冊）　　　　静岡県
　静岡県自然観察ガイド（県内20数ヶ所が各一冊）　　静岡県教育出版社
　静岡の自然をたずねて　　　地団研静岡支部編　　　築地書館
　浜名湖図鑑　　　　　　　　杉野孝雄編　　　　　　静岡新聞社

地学

静岡県の地質景観　　　　　　土　隆一　　　　　　　第一法規
駿遠豆大地見てあるき　　　　静岡県地学会編　　　　黒船印刷
遠足の地学　　　　　　　　　静岡県地学会編　　　　黒船印刷
地学ガイド静岡県　　　　　　茨木雅子編　　　　　　コロナ社
静岡の地学　　　　　　　　　伊藤通玄ほか　　　　　静岡教育出版社
静岡の地質をめぐって　　　　地団研静岡支部編　　　築地書館
駿河湾の謎　　　　　　　　　星野通平　　　　　　　静岡新聞社
富士山の自然と対話　　　　　山本玄珠　　　　　　　北水
静岡県のお天気　　　　　　　安井春雄ほか　　　　　静岡新聞社

植物

静岡県の植物群落　　　　　　近田文弘　　　　　　　第一法規
静岡県植物誌　　　　　　　　杉本順一　　　　　　　第一法規
静岡県の植物図鑑　上・下　　杉野孝雄編　　　　　　静岡新聞社
しずおかの野の花・山の花　　杉野孝雄編　　　　　　静岡新聞社
富士山自然大図鑑　　　　　　杉野孝雄編　　　　　　静岡新聞社

昆虫

静岡県の自然　四季の昆虫　　　　　　　　　　　　　静岡新聞社

静岡県の重要昆虫	杉山恵一編	第一法規
チョウ―富士川から日本列島へ	高橋真弓	築地書館
日本産トンボ幼虫成虫検索図説	石田昇三ほか	東海大学出版会
蝶の生態と観察	福田晴夫・高橋真弓	築地書館
富士山にすめなかった蝶	清　邦彦	築地書館
日本産水生昆虫検索図鑑	川合禎次	東海大学出版会
原色川虫図鑑	谷田一三編	全国農村教育会

魚類など

川村日本淡水生物学	上野益三編	北隆館
淡水魚	森・内山・山崎	山と渓谷社
静岡県の淡水魚類	板井隆彦	第一法規
静岡県川と海辺のさかな図鑑	板井隆彦編	静岡新聞社
日本産魚類検索	中坊徹次編	東海大学出版会
淡水産のエビとカニ	鈴木廣志・佐藤正典	西日本新聞社
静岡県産陸淡水産貝類相	増田　修・波部忠重	東海大自然史博物館
駿河湾の貝	寺田　徹	

両生・爬虫類

原色両生・爬虫類	千石　正編	家の光協会
日本動物大百科5	千石　正ほか	平凡社
原色両生爬虫類図鑑	中村・上野	保育社
日本カエル図鑑	前田・松井	文一総合出版社

鳥類

静岡県の鳥類	静岡県の鳥類編集委員会	
静岡県の自然　四季の野鳥	北川捷康ほか	静岡新聞社
フィールドガイド日本の野鳥	日本野鳥の会	
バードウォッチング入門		

哺乳類

| 静岡県の哺乳類 | 鳥居春巳 | 第一法規 |
| 日本の哺乳類 | 阿部　永監修 | 東海大学出版会 |

あ

アオアシシギ ……149
アオゲラ ……140
アオサギ ……148
アオスジアゲハ …58
アオダイショウ …132
アオバズク ……147
アオヤンマの幼虫 …115
赤石山地をつくる地層 …17
アカウミガメ ……129
アカザ ……100
アカスジキンカメムシ …74
アカツツホソミツヅリゾウムシ …56
アカツリアブモドキ …77
アカネズミ ……163
アカハラ ……141
アカマツ林 ……27
アカモズ ……142
アキアカネ ……67
アゲハ ……57
足跡 ……167
アシシロハゼ ……86
アシタカツツジ …20
愛鷹山 ……14
愛鷹山の植物 ……39
アズマヒキガエル …122
アズマモグラ ……158
アズミトガリネズミ …157
アダチアナキゾウムシ …56
熱海から富士山をのぞむ …6
アトコブゴミシダマシ …54
アナグマ ……164
アブラコウモリ …159
アブラハヤ ……98
アブラボテ ……87
安倍川のみなもと 大谷崩 …15
アベハゼ ……85
アマガエル ……125
アマギササキリモドキ …72
アマゴ ……103
アメリカフウロ …35
アメリカヤマゴボウ …35
アユ ……97
アユカケ ……99
アラカシ ……26
イカル ……141
池と沼 ……49
池や沼のトンボ …65
イシガイ ……119
イシガメ ……129
イシカワシラウオ …83
石津浜と三保半島 …16
イシマキガイ ……117
伊豆半島 ……7
伊豆半島に特有な植物 …37
伊豆半島のシダ …37
イソギク ……33
イソヒヨドリ ……153
イタチ ……164
イチモンジセセリ …58
イッセンヨウジ・テングヨウジ …93
糸魚川 - 静岡構造線 …10
イノシシ ……165
イブキ林 ……32
イブシアシナガミゾドロムシ …51
イモリ ……121
イワナ ……104
イワヒバリ ……138
ウキクサ ……30
ウキゴリ ……96
ウグイ ……98
ウサギコウモリ …160
ウサギ目(兎目) …161
ウシガエル ……125
ウシ目(偶蹄目) …165
ウスバカゲロウ …76
ウスバキトンボ …65
ウスバシロチョウ 62
ウスヒラタゴキブリ …71
ウソ ……139
ウチワヤンマ ……66
ウチワヤンマの幼虫 …116
ウツセミカジカ …96
有度丘陵の礫層 …16
ウナギ ……93
ウバメガシ ……32
ウミウ ……153
ウミコオロギ …73
海につっこむ扇状地 …8
ウロハゼ ……86
遠州のからっ風と立ち雲 …9
オイカワ ……98
オオウナギ ……93
オオオナモミ ……35
オオカマキリ ……72
オオキノコムシ …54
オオキンカメムシ …74
オオギンヤンマ …69
オオクチバス(ブラックバス) …92
オオゴキブリ ……71
オオセンチコガネ …52
オオゾウムシ ……56
オオタカ ……141
オオハネカクシ …51
オオヒョウタンゴミムシ …50
オオマツヨイグサ …35
オオミズスマシ …111
大室山と城ヶ崎海岸 …12
オオモンツチバチ …76
オオヨシキリ ……148
オオヨシノボリ …102
オオルリ ……143
オオルリハムシ …55
小笠山の礫層 ……19
オコジョ ……164
オジロサナエ ……63
オドリコナガカメムシ …75
オナガミズスマシ …112
オニバス ……30
オニヤンマ ……64
オニヤンマの幼虫 …115
オミナエシ ……29
温暖な気候 ……9

か

海岸(昆虫) ……49
海岸(生活と自然) …172
海岸の植物(伊豆) …36
海岸の植物(西部) …43
海岸の植物(中部) …41
海岸の草花(伊豆) …37
カイツブリ ……150
海底火山だった大崩 …15
カエデ類 ……25
柿田川湧水 ……14
カキラン ……31
ガクアジサイ ……33
各施設の機能 ……180
カグヤコウモリ …159
掛川の貝化石 ……19
カケガワフキバッタ …73
火山 ……7
火山の大地 ……12
カジカ ……103
カジカガエル ……127
河川のトンボ ……63
カトリヤンマ ……68
カブトムシ ……52
カマツカ ……99
ガムシ ……112
カムルチー ……92
カメの仲間 ……129
カモシカ ……165
カモの仲間(河口) …152
カモの仲間(湖沼) …150
カモメの仲間 ……152
カヤクグリ ……138
カヤネズミ ……162

夏緑樹林 …………24	クロベンケイガニ…106	里山の自然 ………171
夏緑樹林帯 ………46	クロヨシノボリ …102	サル目(霊長目)…161
カルガモ …………149	渓流 ……………48	サワオグルマ ……31
カワアナゴ…………94	結晶片岩 …………17	サワガニ …………105
カワアナゴ類 ………94	ケリ ……………149	サンコウチョウ …136
カワガラス ………143	ゲンゴロウ ………110	サンゴ礁の山 ……19
カワセミ …………150	限定分布の純淡水魚…80	山地の植物(伊豆)…37
カワニナ …………117	県立自然史博物館の位置づけ…179	山地の植物(西部)…42
カワネズミ ………157	コアジサシ ………151	山地の植物(中部)…40
カワバタモロコ …89	コイ ………………91	山地の植物(東部)…38
カワホネネクイハムシ…55	広域分布の純淡水魚…80	シイ林 ……………26
カワムツB型 ……100	降河回遊魚 ………79	シオカラトンボ …65
カワヨシノボリ …101	高茎草原 …………23	シカとカモシカの食害防除…170
河原 ………………172	高山植物 …………176	シシウド …………28
河原だった牧之原台地…19	高山草原 …………21	シジュウカラ ……147
河原と露岩地 ……49	高山帯 ……………46	シズオカオサムシ…50
河原のチョウ ……60	コウベモグラ ……158	静岡県にもワニがいた…18
カワラハンミョウ…50	コウモリ目(翼手目)…158	静岡県の河川と湖沼…78
キイトトンボ ……68	紅葉する木 ………24	自然史博物館の構成…179
キカマキリモドキ…75	コオイムシ ………113	自然史博物館とは…178
ギギ ………………101	コオニヤンマの幼虫…116	自然との共存 …177
キキョウ …………29	コガタガムシ ……51	自然博推進協とは…180
キクガシラコウモリ…158	黄金崎の湯ヶ島層群…11	自然豊かな静岡県の象徴…170
キジ ………………144	コガラ ……………139	自然林 ……………47
キジバト …………146	コキクガシラコウモリ…159	湿原 ………………173
キスミレ …………29	ゴクラクハゼ ……94	湿地 ………………45
北へのびる砂嘴 …12	コケモモ …………22	湿地の植物(西部)…42
キツネ ……………163	コゲラ ……………145	湿地の植物(東部)…39
キビタキ …………141	コサギ ……………148	湿地や水田のトンボ…68
ギフチョウ ………59	コシアキトンボ …67	ジネズミ …………158
キベリカタビロハナカミキリ…54	コシマゲンゴロウ…111	シマゲンゴロウ …110
急流河川 …………0	ゴジュウカラ ……141	シマドジョウ ……99
キンイロジョウカイ…53	湖沼 ………………172	シマヘビ …………132
ギンブナ …………90	コテングコウモリ…160	シマヨシノボリ …95
ギンヤンマ ………66	コトヒキとシマイサキ…84	ジムグリ …………134
ギンヤンマの幼虫…115	コナラ林 …………27	下白岩のレピドシクリナ…11
クギヌキハサミムシ…74	コバネハナミズ …77	周縁魚 ……………80
クサガメ …………129	コバンムシ ………114	褶曲した地層 ……15
クサギカメムシ …75	コブハサミムシ …74	住宅地にも見られるチョウ…57
クサフグ …………85	ゴマシジミ ………61	シュレーゲルアオガエル…127
クヌギ林 …………27	コヤマトンボ ……64	純淡水魚 …………79
クモツキチョウ …61	コヤマトンボの幼虫…116	純淡水魚の分布 …80
クモマベニヒカゲ…62	コヨシキリ ………142	純淡水魚はどこからきたか…80
クリサキテントウ…54	コルリ ……………140	ショウジョウトンボ…66
クロイトトンボ …66	コンジンテナガエビ…107	照葉樹林 …………26
クロゲンゴロウ …110	痕跡 ………………167	照葉樹林帯 ………46
クロコノマチョウ…59		白糸の滝 …………13
クロサギ …………153	## さ	シラベ林 …………21
クロスジギンヤンマの幼虫…115	砂丘と台地 ………8	シロウオ …………93
クロダイ …………84	サクラソウ ………29	シロチドリ ………151
クロツグミ ………140	ササ類 ……………25	シロマダラ ………135
クロツヤコオロギ…72	砂嘴と低湿地 ……8	人工林 ……………175
	サトキマダラヒカゲ…60	神社や寺の森にすむチョウ…58

新富士溶岩 ……14
針葉樹林帯 ……46
森林限界 ……21
水生カメムシの仲間…112
水生甲虫の仲間…110
水田 ……173
スカシユリ ……32
スクミリンゴガイ……117
スジエビ ……107
スジシマドジョウ小型種…88
スズキ ……84
ススキ草原 ……28
スズメ ……146
スッポン ……130
ズナガニゴイ ……92
スナヤツメ ……88
スミウキゴリ ……96
スミスネズミ ……162
駿河湾 ……8
駿河湾低気圧 ……9
生活環による区分 ……79
セイタカアワダチソウ…34
セイヨウタンポポ ……34
絶滅危惧種のトンボ ……70
絶滅しそうな鳥たち…137
千本砂丘と浮島沼 ……14
早期設置にむけて ……180
雑木林(昆虫) ……47
雑木林(生活と自然)…175
雑木林のチョウ ……59
草原(昆虫) ……48
草原(生活と自然)…174
溯河回遊魚 ……79

た
タイコウチ ……113
ダイコクコガネ ……52
タイリクバラタナゴ ……87
多雨地帯 ……9
タカチホヘビ ……134
タカネマツムシソウ…22
タカハヤ ……100
タガメ ……112
ダケカンバ ……22
タゴガエル ……123
多島海の砂 白浜層群…11
タナゴの仲間 ……87
タヌキ ……163
タマシギ ……149
タマムシ(ヤマトタマムシ)…53
タモロコ ……89
ダルマガエル ……124
淡水湖だった浜名湖…18

ダンチク ……32
丹那盆地と丹那断層 ……14
地球は甲虫の星 ……50
チチブ ……95
チチブコウモリ ……160
チチブモドキ ……94
チビクワガタ ……51
中央構造線 ……10
チュウシャクシギ ……151
チョウトンボ ……67
ツキノワグマ ……163
ツグミ ……145
ツチガエル ……123
ツツドリ ……142
ツノトンボ ……76
ツバメ ……146
ツバメオモト ……23
ツマグロキチョウ ……60
ツマグロヒョウモン ……62
低地の植物(伊豆)…37
低地の植物(西部)…42
テナガエビ ……106
テナガエビの仲間…106
テン ……164
テングコウモリ ……160
天竜峡の花崗岩 ……17
東西のフロンティア
ふじの国しずおか …178
東部・伊豆の淡水魚類…82
動物による農林業被害…169
動物の保護と管理 ……170
トウヤクリンドウ ……22
トウヨシノボリ ……95
トウヨシノボリ池沼型…95
通し回遊魚 ……79
トカゲの仲間 ……131
トガリネズミ ……157
特殊岩石の植物 ……43
トゲナシヌマエビ ……109
トゲヒシバッタ ……73
ドジョウ ……88
トノサマガエル ……124
トビ ……144
ドブガイ ……118
鳥の渡りやすい場所による呼び名…137
トンボの仲間の幼虫…114

な
ナウマンゾウと三ヶ日人…18
ナガレホトケドジョウ…101
ナツアカネ ……68
ナツツバキ ……25
ナナカマド ……25

ナベブタムシ ……114
ナマズ ……92
南方から飛来するトンボ…69
南方系植物の分布限界地…41
南方系の淡水魚類 ……82
ニゴイ ……91
ニッコウイワナ ……104
ニホンアカガエル ……122
ニホンアカジマウンカ …75
ニホンイサザアミ ……109
ニホンカナヘビ ……131
ニホンザル ……161
ニホンジカ ……165
ニホントカゲ ……131
ニホントビナナフシ ……73
ニホンマムシ ……135
ニホンヤモリ ……130
ニホンリス ……161
二枚貝類 ……118
ヌカエビ ……108
ヌマエビ ……108
ヌマガエル ……123
ヌマチチブ ……95
ネアカヨシヤンマ ……69
ネアカヨシヤンマの幼虫…115
ネコ目(食肉目) ……163
ネズミ目(齧歯目)……161
ノウサギ ……161
ノハナショウブ ……31
ノビタキ ……142

は
バイカモ ……30
ハイマツ ……21
ハクサンシャクナゲ ……22
ハクビシン ……164
ハグロトンボ ……64
ハコネサンショウウオ …121
ハシブトガラス ……146
ハシボソミズナギドリ…153
ハタネズミ ……162
爬虫類と静岡県の自然…128
ハッチョウトンボ ……69
ハナアブ ……77
ハネビロトンボ ……70
浜石岳の浜の石 ……15
ハマゴウ ……33
ハマヒルガオ ……33
ハマボウ ……33
ハヤブサ ……152
バン ……148
ハンゴンソウ ……23
被害の原因 ……169

ヒガラ …………140	宝永火山 …………13	ムラサキモメンヅル…23
ヒゲコガネ …………52	放射状節理のある貫入岩体…11	メジロ …………144
ヒゲナガカワトビケラ…77	ボウズハゼ ………97	メダカ …………90
ヒサゴクサキリ …72	ホオジロ …………145	目撃 …………167
ヒダサンショウウオ…121	ホシガラス ………138	モクズガニ ………105
ヒナコウモリ ……160	ホトケドジョウ …101	モグラ目(食虫目)…157
ヒナハゼ …………85	哺乳動物の体の計測…156	モズ …………144
ヒヌマイトトンボ…70	ボラ …………83	モツゴ …………90
ヒバカリ …………133	ホンドモモンガ …162	モモジロコウモリ…159
ヒミズ …………158	**ま**	モリアオガエル …125
ヒメアマツバメ …147	マイヅルソウ ……23	モンシロチョウ …57
ヒメクロゴキブリ …71	マシジミ …………119	モンスズメバチ …76
ヒメゲンゴロウ …111	マダラカマドウマ…72	**や**
ヒメジャノメ ……58	マツカサガイ ……119	社の森 …………47
ヒメジョオン ……34	マツムシソウ ……28	ヤチネズミ ………162
ヒメシロアサザ …31	マツモムシ ………114	ヤマアカガエル …123
ヒメシロチョウ …61	マハゼ …………86	ヤマカガシ ………133
ヒメタイコウチ …113	マルタニシ ………118	ヤマガラ …………145
ヒメタニシ ………118	マルバハギ ………28	ヤマコウモリ ……160
ヒメネズミ ………163	ミクリ …………30	ヤマサナエ ………63
ヒメハゼ …………86	ミサゴ …………151	ヤマセミ …………143
ヒメハルゼミ ……74	ミシシッピーアカミミガメ…130	ヤマトイワナ ……104
ヒメヒミズ ………158	ミズアオイ ………31	ヤマトシリアゲ …77
ヒメホオヒゲコウモリ…159	ミズカマキリ ……113	ヤマトヌマエビ …109
ヒメミズカマキリ…113	ミズスマシ ………111	ヤマネ …………162
ヒメムカシヨモギ…34	ミズナラ …………24	ヤマブドウ ………25
ヒヨドリ …………147	ミズラモグラ ……158	ヤマモモ …………26
ヒラシマナガカメムシ…75	ミゾレヌマエビ …108	ヤモリの仲間 ……130
ヒラテテナガエビ…107	ミツバツツジ ……27	ヤリタナゴ ………87
ビリンゴ …………86	南アルプス …………45	ユウガギク ………29
ビンズイ …………139	南アルプス山岳地帯…7	ユビナガコウモリ…160
ふえてきたチョウ…62	南アルプスの高山チョウ…61	ヨシゴイ …………149
フォッサマグナ …10	南アルプスの植物…41	ライチョウ ………138
フォッサマグナ要素…39	南アルプスの南限植物…41	**ら**
腹足類(巻貝の仲間)…117	ミナミテナガエビ…106	竜ケ岩洞と秩父中古生層…17
フクロウ …………145	ミネトワダカワゲラ…71	両生類という動物…120
フジコブヤハズカミキリ…55	美濃・三河要素 …43	両生類は地方型 …120
富士山の笠雲 ………9	三保半島のおいたち…16	両側回遊魚 ………79
富士山の高山植物…38	ミミカキグサ ……31	ルリタテハ …………59
富士山の下には何がある?…13	ミミズハゼ ………85	ルリビタキ ………139
富士山は3階建て…13	ミヤマアカネ ……64	ルリヒラタムシ …53
富士山麓 …………44	ミヤマクワガタ …51	ルリボシカミキリ…55
富士山麓の草原 …38	ミヤマシジミ ……60	ルリヨシノボリ …102
富士山麓の草原のチョウ…61	ミヤマセセリ ……60	**わ**
ブナ …………24	ミルンヤンマの幼虫…115	ワカサギ …………91
ブルーギル …………92	ムカシトンボ ……63	
ふん …………167	ムカシトンボの幼虫…116	
分布拡大のさまたげ…82	ムクドリ …………146	
ヘイケボタル ……53	ムササビ …………162	
ベッコウトンボ …70	ムシカリ …………25	
ベニシジミ …………57	ムラサキカタバミ…35	
ヘビの仲間 ………132	ムラサキシジミ …58	
ヘラブナ …………90		

あとがき

　静岡県は日本列島のほぼ中央にあり、太平洋に面する温暖な平野から高山植物が見られる南アルプスなどの寒冷な山地まで、さまざまな地形があり、日本一の富士山もあります。

　大地の成り立ちから見ると、静岡県は西南日本と東北日本の境目にあり、伊豆半島をふくむ伊豆―小笠原からの地形の高まりが日本列島と重なるところにもあたります。また、いわゆるフォッサマグナ地域にもあたり、今から約100万年前まで県中部地域には海が内陸まで広がっていました。そのため、その東と西にすむ植物や動物にはあまり交流がなく、静岡県の自然の姿は、県の西部地域と中部地域、東部地域、さらに伊豆地域でそれぞれ違っていて、たいへん変化に富んでいます。

　静岡県は、このようにさまざまな自然の姿が見られるところで、さらに豊かな自然に恵まれた素晴らしいところです。私たちは、静岡県の自然を調べていく中で、静岡県の自然の素晴らしさと、そこにすむ人たちがむかしからその自然とうまくつきあい利用して、静岡県を豊かにしてきたことを知りました。

　しかし、その豊かな静岡県の自然を深く理解しないで、自然改造や自然利用が行われたらどうなるでしょうか。自然は私たちの立つ足元や生活をささえる基礎となるものです。その基礎を忘れれば、足元をすくわれ、豊かな自然の恵みをいつの間にか受けられなくなってしまいます。

　私たちは、静岡県内の自然を調べたり、自然を愛好する人たちが集まって、静岡県に県立自然史博物館をつくってもらおうと働きかけています。自然史博物館は、静岡県の自然をいろいろと調べ、標本や資料を保存し、自然のしくみとそれを人がどのように利用していけばよいか、またその自然と自然のしくみを、静岡県民のみなさんに深く理解していただくために仕事をするところです。このように自然に恵まれている静岡県に、これからもその自然の恵みを大事にしていくような考えを普及する、博物館という場をぜひつくっていただきたいというのが、私たちの願いです。

　今まで、静岡県の自然に関しては、植物や野鳥などそれぞれを紹介した本はありましたが、静岡県の自然を全般にわたってわかりやすく紹介した本はありませんでした。私たちは、静岡県立自然史博物館をつくっていただく活動を行うとともに、県民のみなさんに静岡県の自然についての理解

をより深めていただきたいと考えています。そのために、私たちはこの本を出版することを考えました。

この本の出版にあたっては、執筆者はもちろん、静岡県立自然史博物館設立推進協議会に参加されている各研究会や同好会のみなさんと写真を提供くださった方々のご協力に感謝するとともに、出版の労をとっていただいた静岡新聞社出版局編集部の梶　邦夫氏と小澤詠子氏にお礼申しあげます。

静岡県立自然史博物館設立推進協議会
「しずおか自然図鑑」編集委員
柴　正博・三宅　隆

執筆者

秋山　信彦	静岡淡水魚研究会
天野　市郎	静岡昆虫同好会
石川　　均	静岡昆虫同好会
板井　隆彦	静岡淡水魚研究会
伊藤　二郎	静岡県立自然史博物館設立推進協議会代表
伊藤　通玄	静岡県地学会
加須屋　真	静岡昆虫同好会
國領　康弘	日本爬虫両生類学会
北野　　忠	遠州自然研究会・静岡昆虫同好会
小池　正明	日本野鳥の会静岡支部
柴　　正博	地学団体研究会静岡支部・静岡県地学会
杉野　孝雄	掛川草の友会・遠州自然研究会
高橋　真弓	静岡昆虫同好会
多比良嘉晃	静岡甲虫談話会
三宅　　隆	日本野鳥の会静岡支部
森　　繁雄	日本爬虫両生類学会
山田　辰美	静岡淡水魚研究会
湯浅　保雄	静岡植物研究会

しずおか自然図鑑

2001年4月2日　初版発行

編　集　静岡県立自然史博物館設立推進協議会
発行者　松井　純
発行所　株式会社　静岡新聞社
　　　　〒422－8033　静岡市登呂3－1－1
　　　　電話054－284－1666
印刷・製本　図書印刷株式会社

©shizenhaku-suishinkyo
ISBN4-7838-0537-7 C0045
Printed in Japan

落丁乱丁本はお取り替え致します。
本書の一部あるいは全部を無断で複写複製することは、
法律で認められた場合を除き、著作権の侵害となります。
定価はカバーに表示してあります。